新 曲 綫 | 用心雕刻每一本......
New Curves

http://site.douban.com/110283/
http://weibo.com/nccpub

用心字里行间　雕刻名著经典

如此，

儿童那惊人的潜力，将随其日久岁长而灿烂炳焕。

即使旷日经年，

太阳也从未对地球说过：

"你要感恩于我。"

看啊，

这就是爱的体现——

爱点亮了整个天空。

——哈菲兹

（14世纪波斯伟大的诗人）

鲁道夫 · 斯坦纳

（Rudolf Steiner，1861—1925）

　　鲁道夫·斯坦纳，奥地利社会哲学家、人智学创始人。他以其创建的儿童及其发展阶段的全人教育观而著称。根据其理念创立的学校和教师培训机构，以"华德福教育"之名遍布世界各地。他主张以敬畏之心接纳孩子，以爱的方式教育孩子，让他们自由地成长。

艾米·皮克勒

（Emmi Pikler，1902—1984）

　　艾米·皮克勒，著名的儿科医生、研究者和理论家。1946年，她在匈牙利的布达佩斯创办了一家托儿所，专门用来照护第二次世界大战后无家可归的3岁以下孤儿，这就是后来著名的皮克勒研究中心。皮克勒因改变了我们对婴幼儿的看法和照护方式而闻名遐迩，她那独特的以尊重为核心的教育理念，影响了成千上万的教育工作者和家长们。

给孩子最好的开始

0～3岁生理与心理照护指南

［德］ 皮娅·德格尔
埃尔克·马丽亚·里希克 著

陈卫 李靓 译

范忆 审校

人民邮电出版社

北 京

图书在版编目（CIP）数据

给孩子最好的开始：0~3岁生理与心理照护指南 / （德）皮娅·德格尔著；
（德）埃尔克·马丽亚·里希克著；陈卫，李靓译 . —北京：人民邮电出版社，
2024.4

ISBN 978-7-115-54541-1

Ⅰ．①给… Ⅱ．①皮… ②埃… ③陈… ④李… Ⅲ．①婴幼儿—哺育—指南
Ⅳ．① TS976.31-62

中国国家版本馆 CIP 数据核字（2024）第 057778 号

给孩子最好的开始：0~3岁生理与心理照护指南

◆ 著 ［德］皮娅·德格尔 埃尔克·马丽亚·里希克
译 陈 卫 李 靓
审 校 范 忆
策 划 刘 力 陆 瑜
责任编辑 赵延芹
装帧设计 陶建胜

◆ 人民邮电出版社出版发行 北京市丰台区成寿寺路 11 号
邮编 100164 电子邮件 315@ptpress.com.cn
网址 http://www.ptpress.com.cn
电话（编辑部）010-84931398 （市场部）010-84937152
北京奇良海德印刷股份有限公司印刷
新华书店经销

◆ 开本：889×1194 1 /24
印张：11
字数：163 千字 2024 年 4 月第 1 版 2024 年 4 月第 1 次印刷
著作权合同登记号 图字：01-2021-4192

定价：88.00 元

本书如有印装质量问题，请与本社联系 电话：（010）84937152

内容提要

　　生命的最初几年是儿童一生发展的基础。本书以鲁道夫·斯坦纳的华德福教学法和艾米·皮克勒的以尊重为核心的教育理念为基础，从生理和心理两个层面，按不同年龄全面系统地阐述了 0~3 岁婴幼儿科学照护的理念和方法。作者一方面从父母视角来解读、分析和探讨育儿问题，帮助父母看见自己；另一方面从儿童视角为婴幼儿发声，帮助成人看见孩子，理解孩子的真正需求。

　　本书内容涉及婴幼儿养育的方方面面，兼具科学性和实践性，语言通俗易读，并配有精美的全彩图片，是一本难得的科学育儿指南式实用书，适合广大家长和托育机构从业者阅读使用。

作者简介

皮娅·德格尔（Pia Dögl） 德国科隆大学特殊教育硕士，后去美国深造，成为一名认证的专业育儿教练和心理治疗师。在过去的 20 年里，皮娅在德国为那些被忽视的婴幼儿建立了一个"临时之家"，并创办了非营利组织 Beginning Well，帮助许许多多的父母及其孩子建立尊重、平和、信任和深度的关系。她还是 beginningwell.com 网站的创始人，期望通过在全球范围内与个人和团体开展合作，用富有同理心的积极理念帮助更多的父母和照护者在养育孩子的同时，实现生活平衡，拥有良好的自我感觉，享受和谐幸福的家庭生活。

埃尔克·马丽亚·里希克（Elke Maria Rischke） 德国华德福幼儿专家。30 多年来，她在德国创办了若干所华德福幼儿园，同时，还常年在欧洲各地举办关于华德福教育的讲座和培训。埃尔克和皮娅一起学习了皮克勒的理念和方法后，从根本上改变了她们对婴幼儿的看法。她们与其他人一起在柏林创立了"艾米·皮克勒之家"，践行皮克勒关于婴幼儿照护的理念和方法。

范忆　在早期教育领域深耕与探索近40年。先后毕业
于南京师范大学、华东师范大学、新西
兰奥克兰大学。曾任教于华东师范大
学学前教育系、新西兰皇家橡树婴
幼儿保教中心，长期从事教学与
管理工作，同时为新中两地婴幼
儿家长以及幼儿园管理者和教师提
供专业支持和培训课程。

推荐序

　　当一个新的生命降临到我们身边时，为人父母者除了激动与
喜悦外，会不会有忐忑不安、不知所措的时候？新手妈妈们在照
护宝宝的过程中，在认真悉心地履行亲职教育时，有没有担心自
己是否称职？祖父母、父母、婴幼儿照护者和教育者如何协作才
能促进宝宝健康发展，使其成长为一个独立的、完整的、未来社
会的一员？类似的养育担忧和问题越积越多，能找寻到的答案也
是数不胜数，令人眼花缭乱。最终产生的后果之一便是各种焦虑
的出现——"育儿焦虑""完美父母焦虑""超级妈妈焦虑"……
这些焦虑，在养育过程中不仅使成人走了不少弯路，也使孩子遭

遇了不少痛苦。

在互联网如此发达的今天，找到解决问题的答案不难，难的是发现真正能解决问题的有效方法。一些家长常表达这样的困惑：字都认识，话都会说，但"事到临头"，还是不知如何去做。大家面临的共同挑战是，如何把经过了时间和科学研究验证的育儿理论真正运用到日常的育儿实践中？你手上的这本《给孩子最好的开始》，也许可以为我们在理论和实践的鸿沟上搭起一座坚固的桥梁，因为本书的作者既是育儿理论的研究者，又是一生都工作在婴幼儿保教第一线的实践者。

本书的第一作者是来自德国的皮娅·德格尔（Pia Dögl），她一直致力于用基于实证的、转变成人思维的、有意识的育儿方法来支持父母、照护者和教育者的育儿实践。皮娅在德国科隆大学学习了人类发展和心理学，获得了特殊教育硕士学位。之后，皮娅去美国进一步深造，成为一名认证的专业育儿教练和心理治疗师。在过去的 20 年里，皮娅在德国为那些被忽视的婴幼儿建立了一个"临时之家"，并创办了非营利组织 Beginning Well，帮助许许多多的父母和他们的孩子们解决内心压力、情绪压抑、焦虑、依恋问题、饮食问题……助力于亲子之间建立尊重、平和、信任和深度联结的关系。这是皮娅引以为荣的成就之一。皮娅还是 beginningwell.com 网站的创始人，她期望通过在全球范围内与个人和团体开展合作，用富有同理心的、具有积极理念的方法，帮助更多的父母和照护者在养育孩子的同时，实现生活平衡，拥有良好的自我感觉，享受和谐幸福的家庭生活。

　　本书的另一位作者是德国华德福幼儿专家埃尔克·马丽亚·里希克（Elke Maria Rischke），她在德国创办了若干所华德福幼儿园，30多年来一直在华德福幼儿园工作。同时，埃尔克还常年在欧洲各地举办华德福教育的讲座和培训。

　　两位作者的共同点之一是对华德福教育的认同和理解，因为第一作者皮娅本人也是华德福学校的毕业生。华德福教育的美妙之处在于，每个孩子都被视为一个独立的个体。华德福教育促使两位作者对生命中有意义的东西进行探索，深刻理解儿童的需求和行为，相信他们的学习意愿、自发行动的能力、无穷无尽的创造性潜力，可以让这个世界变得更好。

　　但是，更为重要的是，皮娅和埃尔克都在学习了皮克勒的理念和方法之后，从根本上改变了她们对婴幼儿的看法。之后，她们与其他人一起在柏林创立了"艾米·皮克勒之家"，践行皮克勒关于婴幼儿照护的理念和方法。

　　我们知道，华德福教育以满足每个孩子的发展需求为基础，而皮克勒方法的基本观点是成人应该尊重孩子的需求，不管他们年龄有多小。于是，我们就不难发现，华德福的创始人鲁道夫·斯坦纳的教育原理和艾米·皮克勒方法的原则与策略为本书提供了坚实的理论和方法论基础。

　　本书两位作者皮娅和埃尔克的专业背景及工作经历，不仅有助于她们从父母的视角来解读、分析和探讨育儿"问题"，而且还能从儿童的视角来为婴幼儿发声，帮助成人看见孩子，理解孩子的真正需求，例如，宝宝为什么喜欢摔东西？宝宝哭的时候成人该怎么做？宝宝为什么要"抢"玩具？

在本书的第 2 章"为迎接宝宝的出生做好准备"中，作者先提出了一个概括的问题：宝宝真正需要什么？然后从衣服、婴儿推车、婴儿围栏、婴儿床、玩具等一直分享到亲子关系、父母自我意识的唤醒，明确了新生儿的真正需求，包括生理和心理的全面需求，指出了那些我们经常会忽略或被误导的需求，以及不能满足宝宝需求的"无效"甚至"危险"的准备。在本书的第 6 章"2~3 岁的孩子"中，作者写作时不再是"面面俱到"了，而是讨论与分享了这个年龄段孩子的发展需求及家长普遍会遇到的挑战和问题。例如，作者详细说明了该阶段游戏的发展状况及提供哪些合适的游戏材料，因为游戏对孩子的全面发展，尤其是创造力的发展，不可或缺且至关重要。而攻击性行为则是大概率会出现的令人不安的问题，我们从本章中既可以获得相关研究的信息，还可以通过具体案例来理解攻击性行为的来源，同时还能了解应对这一挑战的具体策略。这其中有些建议和观点是不同于我们"习以为常"的做法的，一定会促使我们去进一步思考，而这正是阅读的最高目标之一吧。

《给孩子最好的开始》一书不仅语言简洁易懂，而且还配有大量的彩色图片，其中多数来自作者日常的观察和工作实录，为文字内容提供了精准到位的补充说明，既有助于读者的理解，又为实施有效的育儿实践提供了可视化材料。正如本书英文版的一条推荐语所言："该书为年轻的父母以及所有寻求有意识地了解和照护婴幼儿的成年人提供了必要的指导。"我相信所有与婴幼儿一起生活的成人都能从这本书中获得自己所需的帮助。

　　纳尔逊·曼德拉和夫人格拉萨·马谢尔在 2001 年联合国儿童基金会《世界儿童状况》的报告中对全世界的儿童作出了这样的承诺："你们每个人都应该拥有最好的人生开端，都应该完成最高质量的基础教育，都应该被允许充分发挥自己的潜力，都应该有机会、有意义地参与到你们的社区中来……"衷心期待这本《给孩子最好的开始》也能为实现这一承诺助一臂之力。

范忆

2024 年元旦于奥克兰

陈卫　本书译者之一，婴幼儿教育行业资深实践者，小德兰爱幼教育创始人。在过去近二十年的时间里，她学习并引进了匈牙利皮克勒的育儿理念和美国 PITC 婴幼儿照护项目。她将尊重与回应式的教育理念在中国家庭中实践落地，为中国托育领域的高品质发展做出了积极贡献。同时，她还成立了中国 PITC 教师联盟，旨在培养更多高品质的托育教师与培训师，推动中国托育更好地发展。

译者序

　　2007 年的夏天，我在惶恐和不安中成为了一名母亲。女儿的突然降临，打破了我们原来的生活计划和憧憬，我和丈夫都从未想到我们会在如此年轻的年纪就成为了父母。经过慌里慌张的孕期和"兵荒马乱"的产期，当医生把皱巴巴的女儿抱到我面前时，我并没有初为人母的喜悦，反而产生了一种深深的担忧，害怕我们俩养育不好她。就连我们的父母都担心我们能否承担起养育的重任，他们逢人就说，我们家就是大娃带小娃。

初为人母，我很容易被女儿的哭声所影响，每次她一哭我就紧张。此外，女儿喝奶后吐奶、脸上出湿疹、红屁股、大便不规律……这些都让我感到焦虑。在女儿 5 个月大的时候，我的体重骤降了 20 多斤，一度只有 80 斤左右。之后，我还被检查患上了带状疱疹，不得不中断母乳喂养。养育孩子的压力、对未知的恐惧以及对自身养育能力的质疑，让活泼开朗的我陷入了产后抑郁中。

我妈妈养育了我们兄弟姐妹四人，她一直说养孩子是件很容易的事，因而很难理解我的焦虑。为了克服这种恐慌，我开始大量阅读育儿书籍，在书海中逐渐找到了安慰和指引，也学习到了一些养育方法。当然，只是读书还不够，我决定更深入地学习。我陆续参加了蒙台梭利国际教师认证以及各种有关科学育儿的课程培训，开始了解儿童的身心发展规律，以及如何尊重和引导孩子的自然成长。在参加国内外的各种育儿课程中，我结识了很多有着相同理念的教育者和家长们，也学到了更多实用的育儿技能。当然，我也迈入了幼教工作的行业。

随着对育儿知识的深入了解，我开始意识到，要成为一位好母亲和教育者，仅仅学习育儿技巧是不够的。我开始对心理学课程和身心灵工作坊产生了浓厚的兴趣。我希望通过了解自己，更好地理解孩子的需求和情绪。在心理学知识的指导下，我学会了如何调整自己的心态，如何与孩子建立更深的情感联结。

在这个过程中，我经历了从无知到有知的转变，从惶恐到自信的蜕变。2016年，我从美国学习完 RIE（Resources for Infant Educares）课程回国后，也正是我养育自己的孩子和照护机构的孩子近10年之时，我和朋友一起创办了小德兰爱幼教育，致力于支持更多的同行和家庭。

随着我对婴幼儿养育理念的不断学习和探索，我也把我从国外学过的科学且成熟的婴幼儿保育和教育课程引进到国内。我们多次邀请相关国际专家为中国的养育者和教育者分享 RIE、皮克勒（Pikler）和 PITC（The Program for Infant/Toddler Care）等基于关系的尊重与回应式的婴幼儿心理抚养课程。同时，我们也培养了一批越来越成熟的国内培训师，他们到很多城市的高职院校、托幼机构和社区开展培训。

在这个过程中，我结识了很多和我有相似经历的教育者，其中有男性也有女性，他们也皆因为人父母想要更好地养育自己的孩子而走上了婴幼儿教育和推广的道路。蜕变的故事，在很多的家庭中都上演着。

2016年，我开始对皮克勒育儿法产生了浓厚兴趣。在找寻皮克勒的相关资料时，我无意中发现了本书第一作者皮娅（Pia Dögl）创办的网站 www.beginningwell.com，上面的每一篇文章都如同一颗璀璨的明珠，蕴含着丰富的育儿智慧和实用技巧。皮娅用她那深入浅出的文字，为我们这些渴望成为更好的父母、更好的教育者的人，打开了一扇通往智慧养育婴幼儿的大门。

2018年，通过德国婴幼儿教育专家乌塔（Ute Strub）的引荐，我有幸与皮娅相识。最初，我只是参加了她和其他导师共同举办一些在线公益父母课堂，在课堂上，我发现皮娅不仅是一位育儿专家，更是一位富有同理心和洞察力的导师。她深知每一位父母在育儿路上产生的困惑与面临的挑战，也了解每一个孩子独特的需求和个性。她用自己的亲身经历和专业知识，帮助学员找到与孩子建立深厚情感联结的方法，让他们在育儿之路上走得更加从容和坚定。

2020 年，我邀请皮娅为中国的婴幼儿教育者和家长们举办了"以同理心养育孩子"的系列工作坊。皮娅不仅在课堂中分享了她的专业知识和经验，更以其独特的风格和善解人意的态度，赢得了所有学员的一致好评。她用真实的案例、生动的讲解和深入的剖析，让学员们在轻松愉悦的氛围中收获颇丰。与皮娅的合作经历让我深切感受到，她不仅是在传授育儿技能和方法，更是在传递一种育儿理念和精神。她让养育者明白，育儿不仅仅是一种责任和义务，更是一种情感交流和心灵成长的过程。在皮娅的指引下，养育者们学会了用心去倾听孩子的声音，去理解他们的需求和感受，从而建立起更加和谐、亲密的亲子关系。

在与皮娅的交往中，随着我们对彼此的了解，越来越惺惺相惜。有一天，她问我要不要把她的书 *Beginning Well* 翻译成中文。说实话，我是受宠若惊的，因为我的英文并不足够好，我从来没有想过我要去翻译一本书。她却对我说，因为我足够了解皮克勒和华德福教育的理念，也有足够丰富的婴幼儿照护实践经验，她相信我是一个合适的人选。在她的鼓励和同事李靓老师的帮助下，我们开启了长达 10 个月的翻译旅程，其成果就是摆在你面前的这本《给孩子最好的开始》。一方面，确实英语水平有限；另一方面，我们也常常因为某一个单词的正确恰当表达而卡壳。

在翻译本书的过程中，我和李靓老师也常感叹，如果时光可以倒流，我们多么期望能在生宝宝前就能读到本书。书中提供了丰富实用的日常养育指导，例如新手父母迎接宝宝出生时需要做的准备：衣物鞋袜、睡床、尿布台的选择建议；如何与新生儿建立健康信任的关系；如何开展 0~1 岁宝宝的日常喂养、换尿布、洗澡、睡眠等照护实践，以及如何促进他们的大运动发展，等等。同时，本书还告诉婴幼儿家长及其教育者如何通过支持婴幼儿的自主探索来促进 1~2 岁宝宝的整体性发展，如何理解 2~3 岁婴幼儿的游戏，并为其提供适宜的活动、材料支持以及富有同理心的引导，从而促进他们的社会性以及其他领域的发展。

总之，《给孩子最好的开始》是一本极具启发性的育儿宝典。如果你是婴幼儿父（母）或即将为人父（母）者，这本书将是你育儿过程中的最佳选择。当然，由于中西方的某些文化和地域差异，正如作者所说，它有广泛的普遍性，但依然可能会并不完全适宜和满足所有家庭的需求。但我们坚信，这本充满温暖、开放、满满的实用解决方案和指导的书，将给你的育儿成长之路带来无限的赋能。

最后，感谢皮娅给予我们这次宝贵的翻译机会，也感谢新曲线的大力支持，尤其是责任编辑赵延芹老师，他们为促进这本书的中文版面世做了大量的幕后工作。还要感谢我的导师范忆老师，她非常痛快地答应承担本书的审校工作，并为此付出了宝贵的时间和精力。希望通过我们共同的努力，更多的中国家长及托育从业者能够受益于本书中的经验和智慧，一同探索育儿的奥秘，为孩子们创设更加美好的成长环境，也成就我们自我的生命蜕变。

陈卫

2024 年 1 月

目　录

孩子不仅给我们带来了快乐，

更重要的是，

他们把我们重新引入真、善、美的世界。

———鲁道夫·斯坦纳

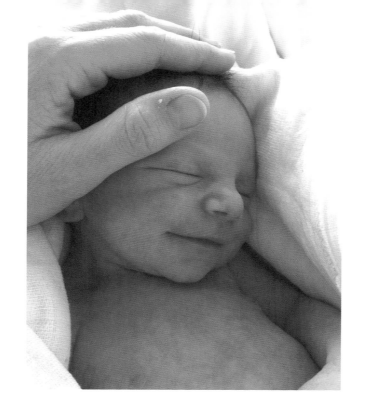

序　言

何谓"给孩子最好的开始"？

在生命最初就与
孩子建立共情和尊重的关系

给孩子最好的开始，这是每个为人父母者最大的心愿。本书
为你提供陪伴和照护 0~3 岁儿童的相关建议和指南，让你们彼此

都能感觉到美好。让你能与一个小生命过上一种尊重、真实、共情的生活，可以养育一个心满意足的孩子，并且满意于自己的教养方式。

能否实现这一目标，很大程度上取决于你所持有的态度，以及你在处理日常生活中许多必要事务时所采取的方式。本书旨在帮助你应对养育孩子过程中遇到的各种挑战，解答你在此过程中遇到的许多实际问题。

父母最常关心的育儿实际问题

✦ 宝宝经常哭闹，夜里我也常感到疲惫不堪，我该怎样办？

✦ 我的孩子发育是否正常？

✦ 宝宝何时开始坐立、爬行和学步？

✦ 我的孩子需要什么样的游戏？他／她能从中学到些什么？

✦ 应该给予孩子多少鼓励，以及多少不被打扰的时间？

✦ 当孩子想要的与我想给的不一致时，我该怎么办？

✦ 我和孩子之间一定要有权力斗争吗？

✦ 何时适合为孩子设定界限或限制？应该如何设定？

✦ 即使倍感压力，我如何才能对我的孩子尽可能地保持耐心？

作为本书作者，我们愿意和读者分享我们多年来在婴幼儿保育和教育工作中的心得。我们提供的见解和建议，多年来已被证明在家庭的日常生活中是有用的。我们知道，这些经验并非普遍有效，也不希望你认为它们是唯一正确的方法。说到底，只有你自己能找到最适宜你的生活状态和最适宜你孩子的教养方法。希望我们的建议可以为你提供支持和指导。

生命的最初几年为孩子一生的发展奠定了基础

如果我们设法（至少在一定程度上）为孩子创设适宜的环境，那么他那惊人的潜能——他的意志力、他对创造的喜悦、他充分参与的能力以及热情洋溢的活力——将会陪伴他一直到成年。本书旨在帮助你和你的孩子成功踏上这条美妙的生命之旅。

教学法

本书主要借鉴了鲁道夫·斯坦纳（Rudolf Steiner，也译作鲁道夫·施泰纳）的华德福教育的教学法，以及匈牙利儿科医生艾米·皮克勒（Emmi Pikler）的儿童发展理论。此外，本书还涵盖了其他几位研究者的实证研究成果，比如理解攻击性、儿童在使用媒体时的家庭责任，等等。

努力寻找于你而言何谓真实

即使是最好的教学法，也只能在一定程度上有所帮助。重要的是，你的感受和行为要真实，这样你才能与你的孩子建立良好的关系。如果你家中的情况与本书描述的不尽相同，并且，如果你开始怀疑自己做的每件事情是否都"正确"，请不要纠结。事实上，每一种情况都会有所不同，这很正常。为什么你家孩子的反应与本书中描述的不一样？为什么他会以不同的方式表达反抗？为什么他发展出了不一样的能力？诸如此类等等，都各有各的理由。

或许，所谓的不足，如果处理得当，恰恰蕴藏着特殊的才能。

在本书探讨的所有主题中，你时时处处都会发现，对待孩子总是有种欣赏和理解的态度，而且，希望为孩子的心智、情绪和身体发展创造最好的条件。

珍视你对孩子真诚的付出和关爱。如果一切都按照所谓理想状态去发展，没有任何磕磕绊绊，那么你和你的孩子从彼此身上就学不到任何东西。

孩子如何体验他们的世界

我们致力于让人们更好地了解儿童是如何感受自我、体验其周围世界的。我们将提供一些建议，让你更好地了解自己的孩子，帮助你随时确定他们的真实需要。生命伊始，宝宝的感知能力就超乎我们成人通常的想象，他们对周围最微小的刺激或情绪变化都能有所反应。

我们在对待一个孩子时，习惯于不先看看他在做什么，以及他的感受如何。我们通常不会告诉孩子接下来将会发生什么。然而，和我们成人一样，小孩子也希望得到共情、关爱和尊重，早在他能开口说话甚至能听懂我们的话之前，他就希望被这样温柔以待。这意味着我们要接纳孩子如他所是的那种本来的样子，不提出超越孩子发展阶段的要求；而且，我们还要给孩子机会，让他能按照自己的想法做事，以便他建立自信，从而让孩子过上充实满足的生活。

扪心自问，我们希望别人如何对待我们？倘若能意识到这一点，我们就会发现，我们对待婴幼儿的方式与我们的内心所求是多么不同。尊重孩子作为一个独立的个体，可能需要一些新做法和非常规的方法，但有时我们需要的是，重拾那些曾经熟知却被遗忘的东西。

欢迎您对本书提出反馈意见，哪些对你有帮助，或者你觉得本书还遗漏了哪些内容。请发送电子邮件至 info@beginningwell.com 与我们分享。我们祝愿您与您的孩子共度美好时光，并在养育孩子的过程中保持恬静、从容且幽默。

皮娅·德格尔（Pia Dögl）

埃尔克·马丽亚·里希克（Elke Maria Rischke）

当你抱着一个婴儿，

请不要用你的双手和身体抱住她，

此刻拥抱她的，

还有你安住当下的精神和心灵。

——艾米·皮克勒

第 1 章

教育学背景
儿童心智、情绪和身体发展的最佳条件

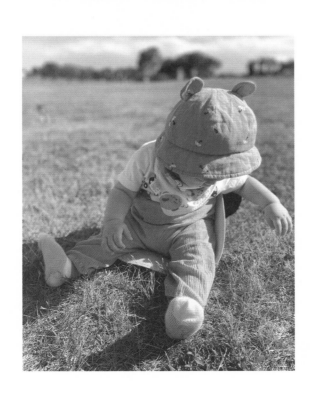

鲁道夫·斯坦纳的华德福教育 *

关于儿童及其发展的全人教育观

鲁道夫·斯坦纳（Rudolf Steiner，1861—1925）

鲁道夫·斯坦纳以其创建的儿童及其发展阶段的全人教育观而闻名遐迩。根据他的这一理念而创立的学校和教师培训机构，更是以"华德福教育"之名遍布世界各地。斯坦纳还开创和发展了农业有机耕作法、天然化妆品生产法、整体医疗实践法和财务处理系统，为社会和生态环境作出了负责任的贡献！[1]

---

* 本节内容由作者与弗里德海姆·加尔贝（Friedhelm Garbe）共同撰写，弗里德海姆·加贝尔是德国耶拿华德福教育远程学习论坛（Fernstudiums Waldorfpädagogik）的负责人。

以敬畏之心接纳孩子；以爱的方式教育孩子；让他们自由地成长吧。

——鲁道夫·斯坦纳

每个孩子都是一个独特的个体

整个 19 世纪和 20 世纪初的主流观点认为，儿童不是独立的、完整的个体。然而，鲁道夫·斯坦纳的教育观基于的却是这样一个前提：婴幼儿已经具备独特的人格特质，每个孩子来到这个世界，都带着自主的意志去生活、去学习。

鼓励孩子生活和学习的意志

基于其对人的精神层面的探索，鲁道夫·斯坦纳得出结论：每隔一段特定的时间，人会多次轮回于尘世间。他还意识到，我们会带着某些前世的印记。婴儿并非生来就是一张白纸。他继续假设，每个人来到这个世界都有自己独特的任务，冥冥之中指引着我们，在特定的时间与我们周围的人相遇。我们说人有使命是有原因的。

我们遵循使命的召唤，努力为自己和他人塑造有意义的生活，并继续将之发展下去。通过对我们自己和周围环境做出积极的改变，以及为了共同的利益而努力奋斗，我们能够获得成就感和满足感。在支持的氛围中抚养孩子，鼓励他们充分发挥自己的潜能，有助于他们更具自我意识，更好地发现自己的使命。

养育目标源于孩子的个性

父母可以通过关注孩子自身的需要和特点，帮助孩子逐步发展他们的个性。要做到这一点，理解儿童的发展阶段至关重要。例如，重要的是父母要知道，孩子语言的发展依赖于学步的进步，而思维的发展又以语言为基础。一个孩子完成这些发展阶段的方式，以及他经历这些发展阶段的强烈程度，都是其个性的表现。作为父母，最重要的是要相信孩子，给予他所需要的时间来逐渐展露其潜能。

关系的建立始于出生之前

鲁道夫·斯坦纳教导说，其实每个人都在选择自己的社会环境、父母和出生的家庭。一切都非偶然。未出生的孩子已经和那些即将成为其父母的人有了精神和情感上的联结。

无限的开放性：每一次经历都会塑造和影响孩子

孩子完全信赖父母的照护。新生儿对周围发生的一切都异常敏感，不仅限于其所见所闻，而且对精神和情感所释放出的能量也非常敏感。

非传统医学当前有一个假设，即我们所经历的一切都储存在我们身体的每一个细胞中，这种假设被认为是理所当然的；但在一百年前，鲁道夫·斯坦纳就首次郑重指出，由于孩子具有无限的开放性，所以他们会受到来自生活各个层面所有经历的影响。特别是儿童身边社交互动的质量，对他们的影响尤其大。因此，我们应尽可能地为孩子营造和谐的生活氛围，让他们的日常生活环境充满欢愉和乐趣。这并不是说我们要刻意去逗孩子开心，而是人际社交的质量应与孩子无忧无虑的心智特征相匹配。即使是很小的孩子，也能分辨出哪些是虚假的快乐，哪些是真实的快乐。[2]

孩子通过榜样和模仿来学习

在生命的最初几年里，孩子要学会几件最重要也是最困难的事情：走路、说话和思考。没有人能教他们这些。为了习得这些技能，孩子需要在会走路、会交谈和能思考的人中间慢慢长大，通过模仿来学习。在孩子的成长过程中，成人要给予他们充满爱的陪伴，以及坦诚、真实的支持，无须干预。随着孩子年龄的增长，他们的模仿能力会在日常生活中的一些小事中逐渐展露出来。他们会以别人对待他们的方式，或者他们看到别人被对待的方式来对待他人。他们将以从别人身上观察到的同样的爱、尊重和关心，抑或是同样的不耐烦，去回应和面对自己的世界。例如，在玩过家家游戏时，孩子们会模仿他们自己的经历或亲眼所见来对待手中的布娃娃。

孩子通过探索和体验来学习

大约 7 岁之前，孩子并不是通过他们的智力或理解力来学习的，而是通过他们的探索、通过他们的模仿来学习。他们用所有的感官去感知周围的一切，并通过模仿成人的行为、价值观和各种规范，逐步深入、全面地了解这个世界。所有这些经验，都渗透于他们的感官并整体内化，形成以后智性知识的基础。（对此问题进一步的讨论详见第 5 章的"整体性学习：让孩子自主探索"。）

教育和自我教育

当一个人意识到孩子通过模仿习得的东西如此之多，周围发生的一切对其影响如此之深时，就会明白为什么鲁道夫·斯坦纳如此重视成人的自我教育了。孩子和父母都在学习，成长是永无止境的。和孩子一样，成人也处在不断成长的状态之中。孩子在孜孜不倦地努力学习，作为成人，若要在孩子面前保持真实和可信，也必须不断地学习和成长。

在这个意义上，鲁道夫·斯坦纳创立的整个人智学可以被视为成人自我教育的一条路径。其目的旨在唤醒潜藏在每个人身上相互交织的精神和心灵力量。最终，人智学的目标是让人们展现出塑造他们有意义的生活所需的力量和信心。

鲁道夫·斯坦纳关于儿童发展的观点不只限于婴幼儿阶段，华德福学校的目标还兼顾年龄较大的儿童以及青少年的个性和发展需求。华德福教育不仅传播知识，而且支持个体的健康成长。

艾米·皮克勒的儿童早期照护观

艾米·皮克勒（Emmi Pikler, 1902—1984）

艾米·皮克勒因改变了我们对婴幼儿的看法和照护方式而闻名遐迩。她的基本理念是，无论孩子多小，都应该被看作一个独立的人。即便是婴儿咿呀的"婴语"，也总是他们需求的表达，需要我们成人去关注和觉察。[3]

　　按照艾米·皮克勒提倡的方式与孩子互动，首先，成人要关注孩子真正的需要是什么；然后，成人在行动之前，先告知孩子接下来要做什么，用语言描述随后的行动。皮克勒博士在其《平和的孩子，满足的母亲》一书中写道："如果我们考虑到了孩子的需要，那么，每个健康的孩子都会是快乐且平和的。"

　　皮克勒博士向我们描述了在什么样的条件下，满足一个孩子的哪些需求，他方可在自感满足且平和的状态下成长。皮克勒的

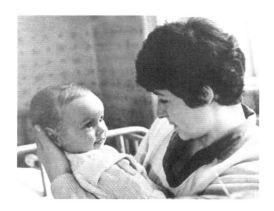

上图以及随后两页的图片向我们展示了照护者在日常照护中与婴儿的互动。这些图片由玛丽安·赖斯曼（Marian Reismann）于 1969—1970 年拍摄于皮克勒研究中心。

这些原则不仅适用于家庭的照护情形，而且也适用于她在匈牙利布达佩斯的罗茨福利院创办的寄宿制托儿所（即著名的皮克勒研究中心）中的照护情形。

尊重式的照护

所有的日常照护行为，如母乳喂养、人工喂养、换尿布、洗澡、穿衣服和脱衣服等，都是成人满足孩子对安全和关爱需求的机会。这样的照护应该能够激发孩子的信任，而且使其感到不受困扰且快乐。在照护我们的宝宝时，要全心全意地关注孩子，并利用这段时间更好地了解他们。

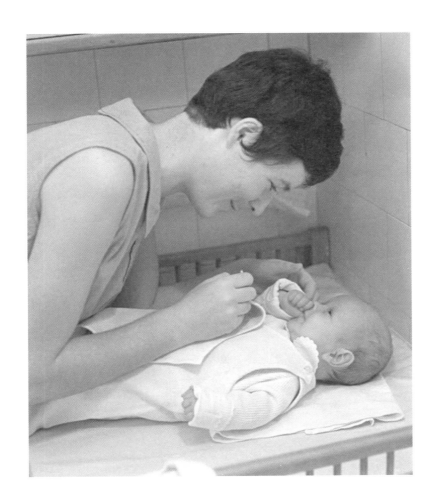

皮克勒博士写道：

　　"彼此了解当然是互惠的。当我们开始了解我们的孩子时，孩
子也开始了解我们，尤其是我们那双照护他们的手。我们的双手
建立了孩子和这个世界之间最初的关系（除了母乳喂养）。我们用

双手抱起孩子，用双手放他们躺下，用双手为他们洗澡、更衣和喂食。当婴儿被一双镇静、耐心、体贴而又带来安全和信任的手照护时，他们看到的世界将是一幅多么美好的画面；当照护他们的这双手表现得不耐烦、粗暴，或者匆忙、焦虑和紧张时，婴儿看到的世界又将是怎样不同的一幅画面。"[4]

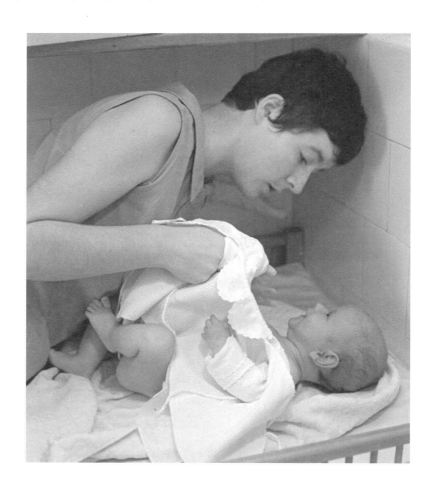

尊重且共情的日常照护，为宝宝能够参与照护活动奠定了基础。这也是使其能够学会合作、建立关系等社会性发展的基础。

在照护过程中，当我们有意识地充分与孩子互动时，他们会感受到自己在这种环境中是受保护的，从而能自由地探索自我和周围的环境。

自主运动的发展

早在 20 世纪 30 年代，作为一名儿科家庭医生的艾米·皮克勒就认识到，儿童的独立活动和自主运动的发展对其人格成长至关重要。她明确指出，儿童天生就能自己学会坐、站立和行走。在这个学习过程中，成人提供的任何支持不仅没有帮助，实际上还会产生负面作用。例如，皮克勒认为，当婴儿的肌肉组织和脊柱还不具备足够的力量支撑自己的身体时，若在成人的"帮助"下过早地学坐，极有可能产生

不良后果。

　　"婴儿的整个躯干无力地下垂，脊柱弯曲，胃和胸腔被挤压在一起，因而内脏和呼吸也会受到阻碍。最能说明问题的是，我们担心孩子随时可能会摔倒。"[5]

　　凭借自身力量坐起来的婴儿不会驼背，且明显能够坐得笔直。

　　当孩子们觉得自己准备好了，他们就会在运动发展过程中尝试去做一些事情。孩子对自己的运动能力有一种直觉上的认识，知道自己可以试着做些什么。当然，这仍需要成人留心观察，以防孩子陷入危险境地。

自主探索和自由游戏

　　在自由游戏中，孩子的灵活性和耐力得到了发展。他们运用自身的各种技能，感觉到自己能给这个世界带来某些影响。

皮克勒博士写道：

　　"让孩子们尽可能多地自主探索，这很重要。如果我们帮助他们解决所有的问题，恰恰剥夺了对他们心智发展最重要的东西。与那些拥有现成解决方案的孩子相比，通过自主探索达成目标的孩子会获得截然不同的知识。"[6]

亲子依恋是一种亲密的情感，

有些新生儿一出生就具有这种依恋；

而有些新生儿则需要短暂的彼此熟悉后，

才会出现"骨肉亲情"，

仿佛"坠入爱河"一般。

——珍妮特·冈萨雷斯－米纳

第 2 章

为迎接宝宝的出生做好准备

首先：孩子真正需要什么

选择什么样的衣物

在选择婴儿衣物时要考虑三个主要因素：保暖、舒适和活动自如。

保暖

在《儿童咨询：医学与教学指南》一书中，沃尔夫冈·戈贝尔和迈克拉·格洛克勒写道："新生儿的体温调节系统尚未发育完全，容易受到周围环境波动的影响。在温度过低的环境中出生的婴儿，即使出生后立即被成人用温暖的衣物包裹起来，几个小时后其体温还会较低。"[1]

毛织品或棉质衣物会让婴儿保持足够的温暖。毛织品的好处在于，它有助于保持身体的温度。如果孩子觉得毛织衣物有些刺痒，我们可以给宝宝贴身再穿一件薄的棉质内衣。

天然纤维和吸汗性

如果孩子容易出汗，推荐选用毛织品和棉质衣物，因为它们易吸收水分并使其蒸发。因此，即使孩子大量出汗，这些天然纤维也不会使宝宝的皮肤有一种不适的潮湿感。它们的散热功能也很好。合成纤维就不具备这种吸汗性和透气性。

婴儿帽

戈贝尔博士和格洛克勒博士指出，"婴儿裸露的头部，会散失很多热量"[2]。

为了保持婴儿头部温暖且保护头部，无论在室内还是户外，我们都要为孩子戴一顶薄的毛线帽或丝织帽。根据一年中的季节和气温的变化，在户外时，孩子可能需要一顶更厚的毛线帽，还可能需要额外的衣物来包裹头部，如连帽服。在温暖的晴天，太阳帽更为适宜。

如何判断孩子太热还是太冷

如果我们用手指触摸婴儿的脖颈，发现他们在出汗，那就说明孩子太热了。如果孩子的胳膊、腿和脚摸上去有点凉，那就说明他们可能需要穿暖和些。"若在户外，脸颊和手有些凉对于一个穿着暖和的婴儿来说是正常的。"[3]

活动自如

对于孩子来说，能够自如地活动他们的双腿、双脚、双臂、双手、头和躯干是很重要的。为了让他们能够活动自如，不要给他们穿过于紧身的衣裤，而应确保孩子的衣服是由柔软且富有弹性的布料制成的。

如果孩子裤腰带上的松紧带太紧，就会限制婴儿内脏器官的发育和功能，同时也会阻碍其呼吸系统的发育。

非套头的包裹式连体衣或上衣最适合新生儿。我们可以为孩子选择一件夹克衫、开襟羊毛衫或有纽扣的瑞士风格婴儿开襟羊毛衫，沿着肩线从侧面套在连体衣或上衣外面。选择脖颈处宽松的套头衫或 T 恤，确保穿脱这类上衣时不会触碰到孩子的脸。

所有长袖衣服的袖子要足够宽松，以便我们可以轻松地把手指伸进去。这样我们在给孩子穿衣时就会更容易，因为我们可以把袖子先套在自己的手指上，然后再把袖子套在孩子胳膊上，从而避免拉扯他们的胳膊。但是，袖口应该窄一些，收紧在手腕处，

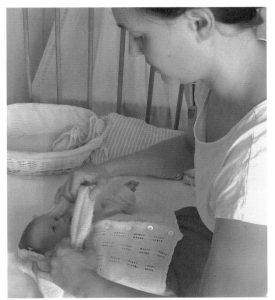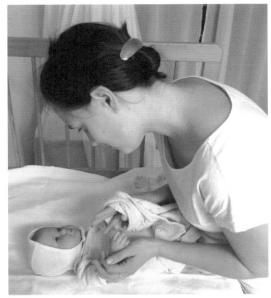

从而更保暖。

　　相比分腿的衣服，睡袋或连体式睡袋更适合新生儿。

　　睡袋的好处是，婴儿在踢腿时会感受到一定的阻力。对于新生儿来说，这是一种熟悉而舒适的感觉，因为它模拟了子宫的环境。踢腿时受到的阻力还能让婴儿感知到脚是其身体的一部分。另外，与分腿的"连体服"相比，睡袋的保暖性会更好。然而，一旦婴儿开始能充分地伸展自己的双腿，分腿式的衣服会比睡袋能让其更加自由地活动。

　　可以系带的毛线鞋能很好地让婴儿的双脚保持温暖，同时它们又不会像袜子一样轻易地被婴儿踢掉。

夜间让孩子感到舒适且温暖

睡袋，既适用于婴儿也适用于幼儿，尤其适用于在夜间不断改变睡姿的孩子。在睡袋里，他们可以自由地活动和变换姿势，同时睡袋能始终包裹着孩子，不会让他们着凉。

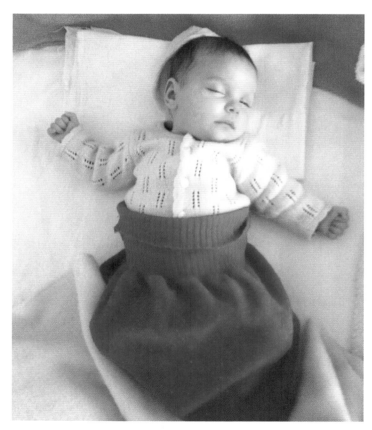

睡袋或连体式睡袋模拟了子宫的环境。

柔和的色彩可防止过度刺激

　　因为色彩强烈、图案丰富的婴儿用品能令婴儿兴奋，具有刺激作用，因此经常被推荐给婴儿。然而，这种推荐没考虑到新生儿其实是很敏感的，他们不得不应对的感官信息已经太多了。

　　新生儿非常敏感且易兴奋。浅色系、柔和的颜色能够减少对婴儿的过度刺激，感官刺激的减少有助于婴儿保持安宁。不幸的是，并非所有类型的衣物都有柔和的色调，比如上页图中所示的红色连体式睡袋。

　　纽扣和配饰不应紧贴婴儿的皮肤。[4]

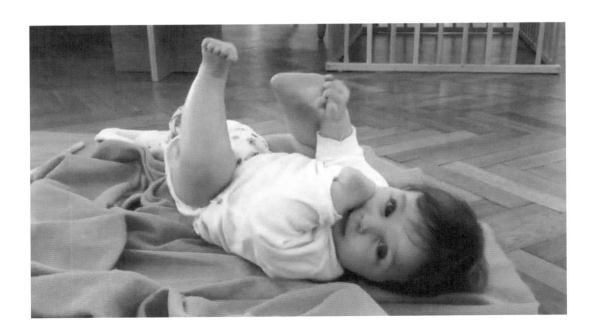

鞋的选择

在给孩子穿鞋之前，可以先让他们赤脚一段时间，这样有助于他们发现和探索自己的双脚。为了保暖，最初可为孩子选用针织暖腿套。

之后，一旦孩子学会走路，我们就要尽可能多地让他们光着脚，这有助于他们的双脚发育得更好。当赤脚走在不平坦的地面、田野和沙滩上，或者赤脚攀爬时，足部的各种运动有助于形成强健的足弓。

我们给孩子买第一双鞋时，要选择鞋底柔软且有弹性的，这样的鞋底无论纵向还是横向均能轻易弯曲。由于婴儿双脚的发育具有个体差异，因此不要选择带有预成型鞋垫或有后跟的鞋子。

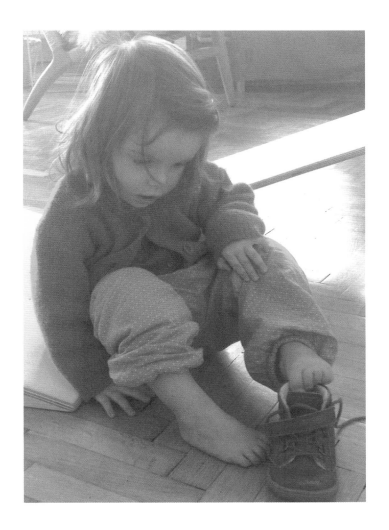

　　起初,孩子们发现穿鞋是件很困难的事。他们把脚伸进鞋子时,不是把脚趾伸直,而是向内弯曲着。出于这个原因,如果鞋子能设计得开口较大些,将有助于孩子们练习穿鞋。

选择合适的婴儿车是一项挑战

选择婴儿车时，要考虑其材料的质量、重量和尺寸。你选的这款婴儿车能否顺利进出家门、电梯，或者能否放进自家车的后备厢里？

选择一款能让孩子和我们进行眼神交流的婴儿车非常重要，尤其是在孩子出生后最初的几个月里。这也意味着我们能更好地观察孩子：我们可以觉察到他们是否舒适，对什么感兴趣，或者何时受到了惊吓、感到不安或开始哭泣。

当我们带着自己的孩子外出时，他们会接收到许多感官信息和刺激，并受其影响；当他们能够看到我们，感觉到我们的注视

和关心时，就会感到安全。即使有什么事情令他们感到不安，若能反复和我们进行眼神交流，也会给孩子带来安全感。

在孩子能够独立坐起来之前，请让他们躺在婴儿车里（详见第 4 章的 "0~1 岁宝宝的运动发展"）。

选择一辆能放下长约 80 厘米、宽约 40 厘米垫子的婴儿车，这样可以让孩子躺在里面，而且有足够的空间可以自由活动。

婴儿车的垫子要结实，有一定的硬度，足以支撑孩子的背部。结实的垫子有稳定作用，因此可以带给他们安全感。柔软的床垫通常不适合作为婴儿车的垫子。

如果孩子在户外睡着了，带有可拆卸座椅的婴儿车可以让我们在不吵醒孩子的情况下将其抱回家。

为了避免过度刺激孩子，我们可选择有遮阳篷或可折叠顶篷的婴儿车，这样既能保护孩子免受过度刺激，又能让他们与照护者保持眼神交流。避免选用带有塑料窗或窥视孔的婴儿车。对于小孩子来说，大街上或商场里的视觉刺激太多了。如果透过这些小窗向外看，他们将只能看到外面飞速闪现的场景。孩子如果通过这种方式看世界，就像在看一部快速播放的电影。

仅在车内使用婴儿安全座椅

法律规定，婴儿在汽车内必须坐安全座椅。然而，婴儿躺坐在安全座椅里得不到放松，活动受到了很大的限制。因此，我们不建议将安全座椅安放在婴儿车里，也不建议在家里让孩子坐安全座椅。

安全探索的自由：游戏围栏和游戏场地

在出生后的最初几周和几个月里，游戏围栏可以为婴儿提供一种被保护且易于管理的空间，在里面他们可以获得第一次移动和玩耍的体验。一个长宽均为 1.2 米的游戏围栏，可为婴儿提供一个有保护且易于管理的合适空间。当眼前的一切对婴儿来说还是陌生的时候，游戏围栏提供的有限空间有助于他们定位自身的位置，为他们带来安全感和舒适感。

如果游戏围栏的底部可以调节，那么垫高底部能够保护婴儿免吹穿堂风。之后，当婴儿能够抓握物品并再次放开时，最好再降低游戏围栏的底部，这样他们就无须成人的帮助，可以自己伸手捡起掉落到围栏外面的物品。婴儿真的很喜欢把手伸过围栏的缝隙，去抓握围栏外的物品。

有限的游戏和活动空间仅适用于还不会通过翻身来移动的婴儿。婴儿会翻身后，那个 1.2 米 × 1.2 米的游戏围栏对他们来说就太小了。他们需要更多的空间来移动和发展日益增长的能力。婴儿不应被限制在围栏里学步。

游戏围栏内的地板上不需要铺泡沫垫、空气垫或任何柔软的材料，因为婴儿身陷这些柔软的材料中会限制其活动。此外，柔软的地垫也不能给婴儿足够的支撑感（详见第 4 章的"0~1 岁宝宝的运动发展"）。

　　如果可能，游戏围栏的底部应该选用单一颜色，不要带有图案，这样方便婴儿能够清晰地分辨出玩具的形状。不幸的是，单色的地垫很难找到，而且很多是塑料材质的，婴儿接触起来很不舒服。我们可以想办法解决这些问题，例如，在游戏围栏的底部铺上一大块纯棉布或一个合适的床单。

　　选择栏杆式而非网状式的游戏围栏，这样婴儿可以用手抓住或用脚勾住栏杆。相比网状式的围栏，栏杆式的游戏围栏不会让婴儿与周围的环境隔绝。此外，正如上文中提到的，婴儿还可以将手伸出栏杆捡起掉落在外面的东西。

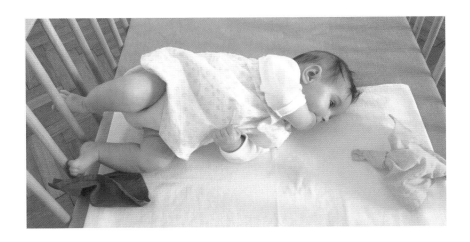

拇指、拳头还是安抚奶嘴？

　　嘴是婴儿的主要探索器官，尤其是在他们出生后的最初几个月里。他们会吮吸自己的手指、拇指、拳头、床单和衣服，这是他们一点一点地探索事物的方式。婴儿这种用嘴探索的行为常被解释为"宝宝饿了,需要喂食了"。殊不知,这也是婴儿的一种自我安慰行为。

相比安抚奶嘴,拇指和拳头的优势在于,它们总是和婴儿相伴相随,不可能遗忘在家里或丢失在某处找不到了。此外,婴儿

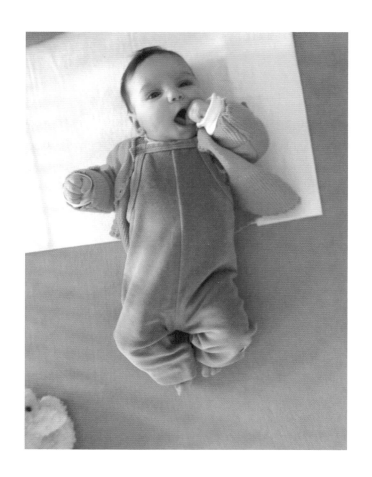

还可以自己决定是否要以及什么时候吮吸拇指。通过吮吸自己的手指，婴儿感受到的是自己的身体，而不是一个外物。

另一方面，通过使用安抚奶嘴，父母为他们的孩子决定了应该用什么来安抚自己。因为刚开始时婴儿自己不能用安抚奶嘴，他们需要依靠父母在晚上给他们含在嘴里。

在出生后的几周内，如果孩子一哭就给他们含上安抚奶嘴，那么父母很难识别出孩子的真实需求。其实，过于频繁地使用安抚奶嘴，倒会干扰亲子间的正常交流。婴儿需要感受到自己是被关注的，需要父母说出他们的不适，感受到自己的需求被认真对待。

安全舒适的婴儿床

床是一个我们想让孩子感到安全的地方。如果他们觉得自己像在子宫里那样被包裹着，就会感到更加舒适。标准尺寸的婴儿床垫对一个小婴儿来说似乎太大了。我们可以将毛毯卷起来，围在床的四周，从而缩小床垫的空间，给孩子一种被包裹的感觉。但是要谨记安全，婴儿床上不要放别的东西，只要能保证孩子舒适的睡眠就够了。

床垫要足够硬挺，以免婴儿的身体陷进去。此时的婴儿还不需要枕头，如果让他们的头枕在枕头上，反倒会妨碍他们充分地左右转头。这种情况还会带来危险，孩子吐奶时，若不能充分转头，可能导致无法吐出奶或者让奶从嘴里流出来。根据一年中季节的变化，前文提到的睡袋或纯棉、毛质的毯子，都可以让婴儿保持温暖。

当孩子在摇篮里睡觉时，摇篮不要晃动，这对孩子是有益的。孩子躺着时仍然需要寻求平衡感，姿势的意外变化有可能令其受到惊吓。

婴儿床或摇篮的纱幔

婴儿床上的纱幔能够增加婴儿安全、踏实以及被包裹的感觉。柔和的粉色和淡紫色能够使人放松，也能使婴儿周围充满令其愉悦的光线。婴儿来自黑暗的子宫，在那里他们被保护起来，免受明亮光线和强烈颜色的刺激。摇篮的纱幔还可以保护婴儿免受通风气流的刺激，以及避免受到过多感官信息的侵入。[5]

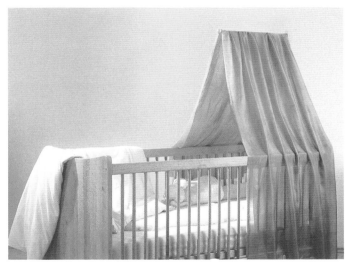

Crib image © Livipur, visit livipur.de

创设宁静的睡眠场所

我们希望婴儿床是一个能让宝宝安然入睡的宁静场所。不要在婴儿床上悬挂摇晃玩具或其他物品，因为它们会分散婴儿的注意力。如果我们从一开始就明确划分了睡眠区和游戏区，这会使孩子更容易入睡。值得考虑的是，床上是否可以放些适宜的玩具，如果可以，应该放哪些玩具（详见第4章的"最初的游戏"）。

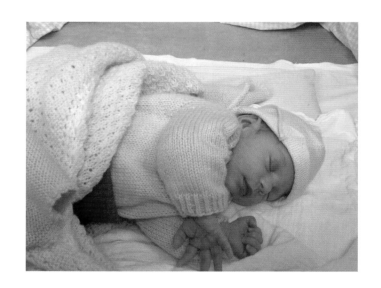

换尿布台：保持安全性和舒适性

在家中时，每次要在相同的地方给孩子换尿布。这种一致性会为我们和孩子创造出一种照护常规。每当我们把他／她抱到换尿布台时，他／她很快就知道接下来将要发生什么，这将有助于他／她熟悉这个世界。

在接下来的几个月里，我们和我们的孩子将会在换尿布这件

事情上花费很多时间。以下是一些实用技巧，旨在让我们在这段
时光中都尽可能地感到愉悦。

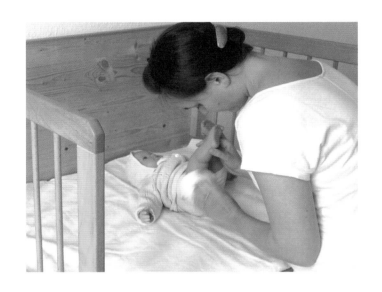

确保换尿布台的高度适宜

换尿布台的高度要适宜，这对我们来说是有帮助的，它能让
我们站在台边给孩子换尿布时尽可能地感到放松和舒适。

使用护栏来确保安全

宝宝在学会翻身或坐立后，容易从换尿布台上跌落下来。意
外总是在不经意间突然发生的。在换尿布台的两侧或三边安装护
栏，就会有效减少这种风险。[6] 这样的安全措施也能给我们带来更

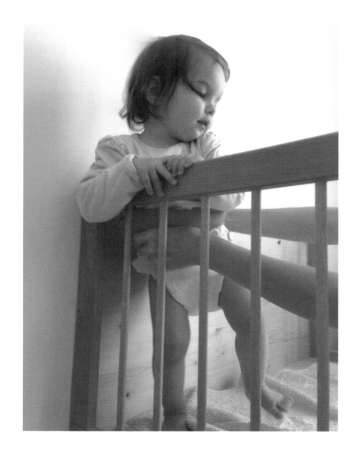

多的安全感，使得我们在为孩子换尿布时不再那么紧张。

　　宝宝长到几个月大时，会翻身了，换尿布时他们也不愿再安静地躺着，这给我们双方都带来了压力和烦恼。如果换尿布台装有护栏，孩子想跪着或站起来，他们就可以抓着护栏。有了栏杆，换尿布时孩子的活动欲望就不需要受限。如果孩子的活动需求被限制，他们就会反抗。如果孩子能随心所欲地移动，那么换尿布

的过程对我们双方来说都会更愉快（详见第 4 章的"如何为站着
的宝宝换尿布"）。

预先准备

在换尿布前，将换尿布时需要的所有用品和衣物都放在我们
触手可及的地方，并确保孩子够不到。

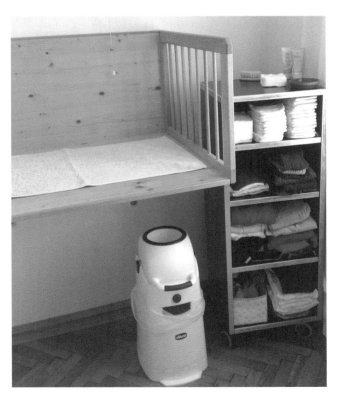

把换尿布区设置在方便拿取所需物品的地方。

早期的"玩具"

探索自己的手脚

当婴儿第一次发现自己的手时，这是一个令人激动的时刻。起初，只有在他们的小手恰巧从其面前经过时他们才注意到它。不用多久，他们就能把手放在视线范围内，并用眼睛追踪手的移动。他们发现，这个在其眼前移动的东西是属于自己的。手是婴儿的第一个"玩具"。

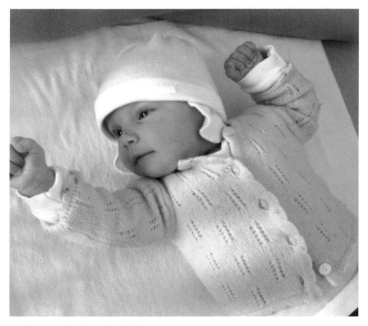

偶然间，宝宝注意到它。

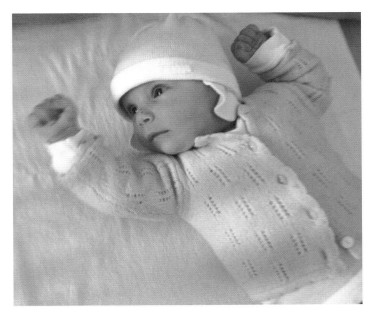

"它又来了！"宝宝发现了它。

　　渐渐地，婴儿发现了自己双手的各种可能性：手能够张开和合上；掌心可以向内翻转，也可以向外翻转；手指可以伸直，也可以弯曲。

　　婴儿的发声也源于其对双手的探索。宝宝似乎为自己的每根手指都找到了不同的声音。[7]

　　婴儿还发现，他们可以把双手合在一起，一只手握住另一只手，然后再把它放开。

　　很快，婴儿会发现自己踢蹬的双腿。起初，宝宝并不能轻易够到自己的腿。但总有一天，他们终于能把自己的脚放进嘴里，并玩弄它们。

　　婴儿对自己的身体以及身体做出各种可能动作的兴趣可以持续数月。他们会通过许多动作的重复和变化来探究这些可能性，也会沉迷于研究自己发出的各种声音，还有制造出的各种噪音。

不受干扰的自我探索的重要性

　　不要打扰孩子，让其有足够多的时间去探索他自己，逐渐了解自己和自己的身体。这时给他们各种玩具反倒会分散孩子对这些最重要探索的注意力。

　　在出生后的最初几个月里，游戏和探索对婴儿来说其实就是一回事儿。父母们经常担心没有玩具，孩子会感到无聊，或者缺乏足够的刺激去发展他们的智力。然而重要的是，成人不要忽视，孩子通过探索自己的身体，从中获得了丰富的感受和体验。

给婴儿提供玩具的适宜时机

　　当婴儿不仅能够用手抓握某件东西，而且还能放开它时，玩具才开始具有了意义（更多关于 0~1 岁婴儿游戏发展的讨论详见第 4 章的"最初的游戏"）。

与孩子建立健康的关系

何时、以何种方式与孩子建立关系

　　我们都以非常独特的方式与自己的孩子建立了关系。有些母亲在孕检确认之前就已经知道自己怀上小宝宝了，她们觉得从一开始就很了解自己的孩子；有些母亲则是在怀孕期间逐渐与自己的宝宝建立起了关系；还有一些母亲，在宝宝出生后的几周或几个月里，才慢慢与孩子建立起关系。父亲也可能在妻子怀孕期间就与自己的孩子建立了关系；或者直到孩子长大一些，他们的关系才开始建立。

　　随着孩子的成长，亲子关系的质量也会发生变化。我们可能会从孩子身上看到一些令我们感到费解的行为或性格特征，抑或孩子某些令我们不喜欢的行为恰恰源于我们自己。如果我们固守有关孩子或家庭生活的成见，就会给我们和孩子都带来沉重的负担。

为了建立信任关系，孩子需要什么

✦ 接纳：感到自己是被接受的；

✦ 尊重：认可他们的需要并认真对待这些需要，但不必满足其不切实际的期望；

✦ 共情的照护：照护者共情地、全身心地投入到日常照护的每个时刻；

✦ 真实性：尽可能真实地感受到自己父母的存在；

✦ 确定性：确信成人会满足他们对照护的期望。

信任的例子

在婴儿出生后的最初几个月里，我们经常会被他们与生俱来的纯真所触动。他们用信任的目光注视着我们，无声地和我们交流，唤醒我们内心的柔情。一旦孩子能对我们的关注作出反应，这种关系就会变得更加牢固。

在例 1 中，这个宝宝即将入睡。他的小手自然地搭在身上，表情看上去很放松。一旁的母亲几乎没有触碰她的孩子，她的手势显得温柔又体贴。她不会强行给予孩子爱抚，以免干扰宝宝入睡。孩子似乎完全信任他的母亲，可以面带微笑地入睡。

在例 2 中，母亲小心地收回自己的手，她轻轻地抚摸婴儿的脸颊和太阳穴，这样温柔的碰触让孩子觉得很舒服。我

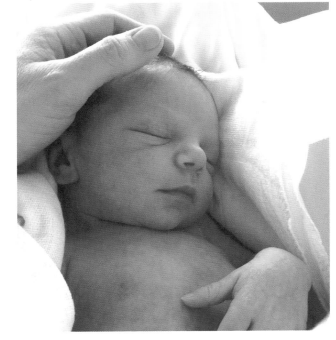

例 1：完全信任

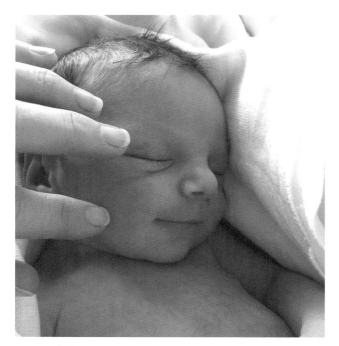

例 2：亲密无间

们可以看到，孩子并不是依靠眼睛来感受爱和关心的。

在例 3 中，父亲满怀爱意地伸出手指让宝宝抓握。尽管婴儿还不能抓紧，但他的手会对父亲的手指作出反应。婴儿的脸上流露出满足的神情，这表明我们并不需要太多努力就能满足孩子的需求。

在例 4 中，婴儿似乎想通过父亲的手指来汲取他所有的关爱。他很享受父亲对他的关注，也乐于接受父亲给予的照护。与例 3 相比，婴儿之前紧握的手现在张开了，这证明他感觉良好。

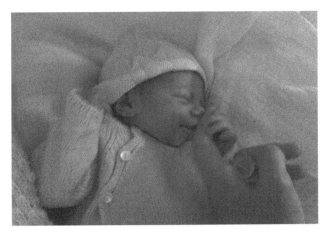

例 3：爱的关注

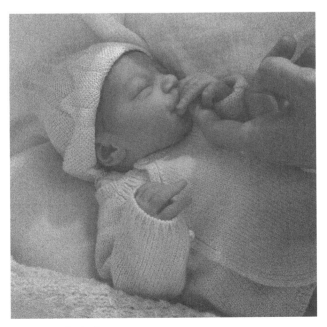

例 4：接受关爱

在日常照护中建立亲密关系

亲子关系可以通过日常的照护和养育来建立并加深。孩子依赖我们，我们也给予他们共情、关爱和照护。我们可以通过这些日常照护观察孩子，并感受他们是如何体验这个世界的。

牢固的亲子关系造就自信的孩子

当婴儿感受到父母和兄弟姐妹（如果有的话）对他们的关爱，以及自己的需求得到关注和重视时，他们就能够在家中"扎根"。他们与家庭的关系越牢固，面对陌生人时就越有信心。在婴儿出生后的最初几年里，如果父母与其建立起了积极的亲子关系，他们在以后的成长中就会更容易建立新的人际关系。

亲密关系并不会让孩子过度依赖你

对父母来说，时刻了解孩子的需求是具有挑战性的。一方面，我们希望孩子拥有安全感；另一方面，我们又希望给予孩子必要的空间，让他们按照自己的时间表来移动和发展。父母需要寻求一种平衡，即在不过度约束孩子、保证他们安全的前提下，在当下和未来，在孩子和父母之间构建牢固的亲子关系。

解决冲突

亲子之间真正的关系，不仅在和平与和谐的相处中发展，而且还可以在应对和解决冲突的过程中逐步建立起来。孩子通过观察父母解决冲突的方式来学习如何处理冲突。因此，观察父母在家庭中如何解决冲突，并寻找更加积极的方式来解决冲突，这对孩子来说是非常有益的。

　　家庭是如何解决冲突的呢？是否有人受到责备，或者愤怒被压抑？家庭成员能否讲出我们的个人需求和愿望？我们能否一起合作，用所有人都满意的方式解决冲突？我们会用解决冲突的经验来指导孩子未来的行为吗？争吵过后，我们是如何对待彼此的？通过这些行为模式，孩子学会了家庭成员之间的相处之道。

　　我们并不总能像自己所希望的那样，一直表现得心平气和。在情绪激动时，我们可能会愤怒并大声嚷嚷，但随后我们可能又会为此感到歉疚。过后，要向孩子解释我们生气是因为其他事情，或者我们的确忍无可忍，或者我们只是感到累了，这些解释都是很有帮助的。这样可以减轻我们的这种情绪与孩子的关系。正如杰斯珀·朱尔在 2012 年指出的，"只要我们为孩子承担责任，并承认我们的困惑和局限，孩子就不会犯错。如果父母不这样做，孩子就会感到内疚。"[8]

　　即便我们知道的确是孩子的行为致使我们情绪爆发，但事实上我们的反应还是源于我们自身，而非孩子的行为。有时候，在我们有意识地选择回应方式之前，会不由自主地先作出反应，表达出愤怒的情绪。如果发生了这种情况，我们就需要向孩子道歉。真诚地表达歉意能让孩子感到自己被重视。他们需要明白的是，发生冲突是很正常的事情，之后一切都会好起来的。

以适合孩子年龄的方式告知其真相

举例来解释这句话。

有一个小孩子，他父母的关系一直不太融洽，正在考虑是否要分居。孩子能感觉到家里所有的情绪变化和紧张的氛围，尽管没人提及。

如果成人在孩子面前假装一切安好，但孩子感觉到事实并非如此，这种内在与外在的不一致会使其惴惴不安，总是觉得有些不对劲。他们还会感到孤独，同时伴随着焦虑和恐惧，这些还无法用语言表达的情绪，并未得到他们所需的共情安抚。

成人无须告诉孩子太多关于冲突的详情，但这并不妨碍我们对小孩子敞开心扉。在上述事例中，父母可以告诉孩子爸爸和妈妈目前相处得不好，他们会找到好的解决办法。对孩子来说，这些信息就足够了。如果父母告诉孩子太多细节，孩子会感到压力过大。无论父母之间面临怎样的困难和挑战，如果他们能相互交谈，尤其是相互之间表现出欣赏和尊重，这对孩子来说都是很有帮助的。

第 3 章

出生后的最初几周

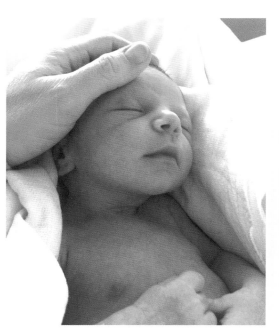
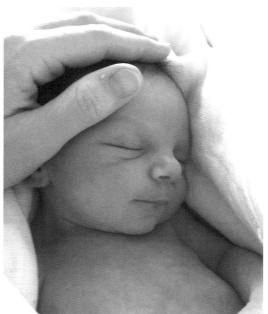

宝宝在出生后的最初几周能感知到什么

宝宝能够强烈地感知到家庭氛围

令人惊讶的是，新生儿对周围发生的一切作出的反应是如此强烈和迅速！从一开始，宝宝就能感知到父母的情绪以及整个家庭的氛围。从母亲怀孕的那一刻开始，一直到宝宝出生后的最初几年，孩子都与母亲保持着亲密的联结，这使得宝宝能够格外敏锐地觉察出母亲的每一刻——是喜悦还是焦虑，是平静还是忧愁，是放松还是不安。

新生儿对周围的一切感受如此之深，以至于我们可以说，他们的感知和行为其实就是一回事儿；或者换言之，这种感知本身就是他们主要的内在活动。

宝宝不能过滤外界的感官输入

在《儿童咨询：医学与教学指南》一书中，作者戈贝尔博士和格洛克勒博士令人印象深刻地描述了小孩子还无法保护自己免受周围发生事情的影响。[1] 宝宝不能屏蔽视觉或听觉刺激。正是这个原因，我们要尽量避免让宝宝接触类似电视或收音机发出的噪音。另外，强烈的色彩或明亮的光线也会使婴儿受到过度刺激。格洛克勒博士告诉我们，"宝宝的心跳或呼吸节奏或细微或明显的变化，都是其经历这种体验的敏感指标"[2]。

宝宝的反应表明，他们尚未体验到自己和周围环境之间的界限。一天中的日常照护和喂养行为要保持一致，而且还要培养宝宝固定的睡眠和清醒周期，这有助于他们在出生后最初几周的各种新鲜体验中，逐渐找到内心稳定的基点。（进一步的讨论详见本章后面的"宝宝的睡眠和清醒节律"。）

宝宝的第一餐

出生前，宝宝既没体验过饥饿感，也没体验过饱腹感。母亲通过脐带为其提供所需的全部营养。出生后，宝宝可能需要几周甚至几个月的时间，才能逐渐找到自己进食和消化的节律。

作为父母，我们了解孩子的需求是需要时间的。起初，父母很难分辨宝宝的哭声所传递的信号是饿了还是吃多撑着了；是宝宝胀气了，还是被太多的感官刺激所干扰，或者是其他完全不同的原因导致哭泣。

父母需要一些时间、实践和观察来学会识别宝宝的需求。同时，初为人母的你也要照顾好自己。给自己留一些平和与宁静，只要有机会就休息一下。在宝宝出生后的最初几周，这是你和孩子开始相互了解的阶段。此时，尽量避免过多的亲朋来访，这样你才能专注于自己和孩子的需求而不被打扰。当有客人来时，请记住，你可以不必成为"最殷勤的女主人"。此外，避免带宝宝过多地外出，这可能有助于你们双方找到更适合宝宝需求的新节奏。

母乳喂养

对于宝宝身体正处于发育中的各个娇弱的系统来说，母乳是最适宜的营养物质。宝宝生长必需的所有营养成分都以易于消化的形式存在母乳中。研究表明，母乳喂养的宝宝不易发生过敏反应。

即使你最初在母乳喂养方面存在困难，例如，奶水不足或宝宝吃得不多，你也不必沮丧。你和孩子通常都需要一段时间来适应这种新情况。每个人对于母乳喂养的看法不尽相同，因此，不要因为他人一些善意的建议，就直接影响了你对宝宝什么时间喂食以及该吃多少母乳的判断。然而，如果你确实不甚清楚，请不要犹豫，可以向专业的哺乳顾问、助产士或医生寻求支持。

学会区分饥饿与其他需求

如果你在宝宝哭闹或啜泣时总是最先选用母乳来安抚他／她，这可能让你的孩子很难学会区分饥饿和其他需求。面对宝宝的任何不适，你总是用母乳作为回应，这会引发宝宝的新需求，即只有母亲才能让其平静。这可能会使宝宝更难学会自己平静下来。

另外，频繁进食会让宝宝来不及完全消化上一顿的母乳，这会扰乱宝宝的睡眠节律。如果孩子没有充足的深度睡眠，他们在醒着时就很难感到满足，可能会哭得更多。长此以往，将导致恶性循环：宝宝被过度喂养，你和宝宝都睡眠不足。节奏有助于孩子找到自己内在的平衡，并在这个对其而言崭新的世界中感到越来越自信。

一些父母担心自己不知道孩子什么时候吃饱了。通常情况下，当宝宝吃饱时，他们就会停止吮吸，如果妈妈还想继续给宝宝哺乳，他们可能会把头转向一边。这不是两个乳房的乳汁都被吃空的问题，健康的宝宝知道自己需要吃多少。[3]

无论是人工喂养还是母乳喂养，让父母和孩子都感到舒适

无论我们选择人工喂养还是母乳喂养，喂奶都是我们和宝宝共同享受彼此陪伴的静谧时刻，这是属于我们的特别时光，也让我们更好地了解彼此。

在喂奶过程中，如果父母和孩子都感到舒适，那么这段时光对我们双方来说会更加愉悦。首先，找到一个舒适的地方来喂奶。当我们放松下来时，宝宝在吃奶时会更加平静。选择地点时，请注意我们的呼吸。在这里，确保我们可以深呼吸，因为这样我们更容易保持平静和放松的状态。直立的坐姿可让我们的呼吸更加顺畅，比如坐在沙发上、椅子上或凳子上。在背后放一个靠垫会让我们感觉更舒服些；另外，我们可能还需要一些支撑物来垫着我们的脚和抱着孩子的手臂。

我们也想放松一下双肩，我们可以用大腿来支撑孩子的全部重量，这样有助于我们放松肩膀。在我们的大腿上放一个高度和

　　硬度适宜的垫子或一个特制的哺乳枕，都可以提高我们的舒适度。

　　让宝宝感到舒适也很重要。在为宝宝穿衣、换尿布或进行其他日常照护活动时，如果预先告诉宝宝我们将要做什么，这会带给他们更多的信心。此外，孩子感到舒适的吃奶姿势是不同的，这取决于我们是人工喂养还是母乳喂养。

把孩子的全部重量放在你的大腿上，这将有助于你放松双肩。

母乳喂养的姿势

　　如果我们让孩子侧卧，和我们腹部相对，那么他们吃奶时就不需要扭头。这样孩子吞咽时也更容易，降低了窒息的风险。我们可以感受一下这样的喂养姿势：把我们的头转向一侧或向下倾斜，试着吞咽。

当孩子的嘴含住你的整个乳头和乳晕时，可以减少对你乳头的刺激，孩子也更容易吃到奶。

　　让孩子的头枕在我们的手臂上，用我们大腿上的垫子支撑孩子身体的其他部位，这样的姿势让宝宝感到很舒适。如果宝宝通过左右转头来觅乳，需要让他们知道我们下一步要做什么，然后引导他们找到妈妈的乳房。

　　哺乳时，让孩子的嘴含住整个乳头和乳晕，这样孩子更容易吃到奶，同时也会减少孩子吃奶时对乳头的刺激。

人工喂养的姿势

　　抱着宝宝，让他们的头枕在我们的手臂上。如果我们想保持双肩放松，可以在大腿上放一个垫子，用来支撑宝宝的重量。在用奶瓶喂奶的过程中，我们可以抱着宝宝，这样就能进行眼神交

流。当宝宝吃奶或者有任何停顿的时候，我们都能及时留意到。如果让宝宝坐在安全座椅上喝奶，我们也可以和他们进行眼神交流，但双方都会错过当把宝宝抱在大腿上时感受到的那种身体的亲近感和温暖。

拍嗝时要有眼神交流

虽然"标准"的拍嗝姿势是抱着宝宝让其趴在我们的肩膀上，

并轻拍他们的后背，但实际上这并不是最佳的拍嗝姿势。相反，在宝宝吃完奶后抱起他们，让宝宝能够看着我们，这样我们能直观地看到孩子的感受，他们也能够感知到我们的情绪。双手支撑住宝宝的头部和后背，尽量让孩子与我们保持在同一视平线上。[4] 以这样的角度抱着宝宝就足够了，如果他们需要打嗝，自己就会打出来。

在拍嗝时，我们几乎不需要把宝宝竖直地抱着，并让其趴在我们肩上。而且这样的姿势，使我们无法看到宝宝是否感觉良好。从生理的观点来看，轻拍宝宝的后背对其打嗝并没有太大作用。

在等待宝宝打嗝时，我们可以和他们交谈。例如，我们可以说："我能看出来你喜欢那样的喂奶姿势。你感到很满足，你的眼睛快要合上了。吃奶还是让你感到有些疲惫……"宝宝如果不打嗝，我们也无须过分担心，因为他们并非每次吃完奶后都要打嗝。以上述的方式帮助他们打嗝，我们和孩子都能享受一段充满爱的交流。

共情和尊重式的照护
有助于我们和孩子关系的发展

日常照护常规

日常照护常规，如换尿布、穿衣、脱衣、洗澡等，都是我们和孩子相处并增进彼此了解的最佳时机。对于新生儿和婴幼儿来说亦是如此。

温柔地抚触

在日常照护中，新生儿清晰地向我们表现出他们是否享受我们的抚触。我们可以通过他们的表情、姿势、动作、身体的紧张度以及整体的行为举止来了解其此刻的感受。

即使我们没有太多照护宝宝的经验，也许还会有些许不安，但一定要慢慢来，动作轻柔且循序渐进地进行。我们刚开始给宝宝换尿布时可能笨手笨脚，但是没关系；倒是那种急迫生硬的动作会使新生儿更加不安。

向宝宝传达爱的最佳方式是温柔、尊重和共情地对待他们。在日常照护过程中，用我们温柔的双手，帮助孩子建立对我们的信任。通过在日常照护点点滴滴中建立的信任，宝宝即便在紧急情况下也能保有一份安全感。这些重复的照护常规，需要我们轻柔地、用心地去做，助力我们的孩子在信任与自信中成长。

孩子正是通过我们对待他们的方式来感受自己的。相处时我们对孩子的尊重、抚触时我们对孩子的关爱，以及孩子有需求时我们做出的回应，都

会影响到他们的自我价值感。孩子可以通过我们的言语以及我们表达的情感，但更多的是通过我们无声的双手和轻柔的抚摸，真切地感受我们对他们的尊重。

告诉宝宝我们将要做什么

在行动之前，我们要先向宝宝描述我们将要做什么。告诉宝宝接下来将会发生什么，这样他们就能习惯这些做法。告诉宝宝后，我们要给他们留一点时间，等到我们认为他们已经做好准备时再开始行动。

例如，我们可以说："看，伊迪丝，这是你的外套，现在我给你穿上。"告诉孩子，然后稍作等待，直到他们理解我们的意思。这样做可以给予孩子信心，并让其知道我们珍视他们。等待孩子理解的过程，其实也是我们和宝宝建立联结的过程，这期间常常会发生一些奇妙的惊喜。

相反，如果不告诉宝宝接下来我们要做什么，他们就没有机会参与到日常照护中来。可以说，这样只会激发孩子越来越强烈的抗拒，最终会花费我们更多的时间，令我们双方都颇为头疼。因此，最基本的一点是，尽可能多地通过沟通来建立关系，这样我们就能做到共同协作，而不是相互对立。

如何帮助宝宝参与到日常照护中来

对于新生儿来说，每一项护理常规都是全新且陌生的。一遍

又一遍的反复体验有助于他们对
这些常规形成习惯。重复相同的
顺序真的能帮助孩子适应你的照
护，并为接下来的动作做好准备。
例如，我们在给宝宝穿衣服时，
穿上衣总是先从右臂开始，或者
穿裤子总是先从右腿开始。在为
他们清洗胳膊和腿时，我们也可
以采用同样的顺序。至于先从左
边开始还是先从右边开始并不重
要，只要每次重复相同的顺序，
宝宝就会知道接下来将要发生什
么。

1 岁半时，索菲娅表现出她想要参与换衣服的意愿。

　　几个月后，我们会发现，当
我们给宝宝穿衣或洗澡时，他们
会自己伸出该伸的那只胳膊。再
往后我们就会知道，当宝宝淘气
地笑着向我们伸出另一只胳膊时，表明他们对自己的身体已然有
了信心。从那时起，我们就不必再按固定的顺序照护他们了。

　　随着时间的推移，在照护过程中，宝宝开始表现出越来越多
的合作行为。

　　最初，当孩子尝试自己做这些事情的时候，他们可能会失败。

例如，第一次尝试穿衣服时，宝宝可能无法将胳膊从睡衣袖子里伸出来。给予孩子时间去尝试是很重要的。经过不懈的努力，他们迟早会成功的。这样孩子就会变得越来越独立，并从中获得快乐和自信。

即使我们认为宝宝能够自己穿脱衣服，他们可能还是需要你的帮助。我们不想让孩子走向独立，在他们看来就像是一种负担。但是，如果让正迈向独立的孩子过早或过于频繁地独自做事，有时反倒会让他们再次变得依赖起来，这是他们在表达自己需要更多的关注。当孩子不再需要我们的帮助时，他们会将我们推开。

在日常照护中给予宝宝全心全意的关注

如果父母在日常照护中能够给予宝宝足够的关注，宝宝以后也能心安地独处，他们会找到自己玩耍或者入睡的方式。由于孩子得到了父母全心全意的关注，被关注的需要得到了满足，因此他们也不再觉得自己有必要经常去引起父母的注意。

如果父母试图尽快完成换尿布这一任务，这会让宝宝感觉不好。孩子每天都需要多次换尿布，我们这种不情愿的态度，会让换尿布这一任务，不管对我们还是对孩子，都变得更加困难。成人对待日常照护的态度会影响孩子，他们会知道我们是厌烦为其换尿布，还是将换尿布视为与他们建立真实情感联结的机会。

在照护宝宝的过程中，如果我们想有意识地与宝宝互动，给予其全心全意的关注，那么尽可能地减少分心或外界干扰无疑是有帮助的。

如果宝宝没有得到他们想要的关注，比如，我们一边给宝宝哺乳一边打电话或看电视，抑或我们为宝宝换尿布的同时还和别人聊天，之后，孩子可能就会闹着向你索要他们错过的关注。

同样，我们也要避免孩子分心。在给宝宝换尿布时，如果我们给他们一个好玩的玩具，这可能会让我们换尿布的过程更顺利，但是，这种做法最终会导致我们和孩子各自有了不同的关注点。我们因此既错失了让宝宝参与到照护活动中来，也错失了我们和他们互相交流的机会。

精心的准备有助于我们专注于当前手头的任务。提前准备好所有的东西，放在触手可及的地方，尤其是在给宝宝洗澡、换尿布或穿衣服的时候。宝宝会感受到我们是一个细心周到的成人，他们可以依赖我们。如果我们不必离开换尿布台去取忘记准备的东西，那么宝宝的安全也能得到更好的保证，我们也更容易把全部注意力放在孩子身上。

给宝宝洗澡

许多宝宝都需要一些时间来适应待在水里的感觉。因为新生儿还不能在仰躺时找到平衡，姿势的每一次变化都会令他们感到不安。因此，当宝宝在浴盆里时，让他们感到安全非常重要。

对于成人来说，给新生儿洗澡的同时还要让他们感到安全并非易事。刚开始时，我们可以把宝宝放在换尿布台上为其清洗。

脱掉宝宝的衣服后，为了防止着凉，可以用毛巾盖住其身体暂时未清洗的部位。

我们可以用棉巾蘸婴儿润肤油为宝宝清洁皮肤。婴儿湿巾不适合用来清洁宝宝的身体，因为它们太凉了，会让宝宝感到不舒服。

当我们第一次把宝宝放进浴盆中时，盆中不要放太多水，这样才会让孩子感到安全，放松地将自己的下半身接触浴盆底部。接下来，我们就可以用手或柔软的毛巾仔细地为他们清洗身体了。

从宝宝欢快的动作中就能知道他们喜欢待在水里。如果宝宝玩得很开心，我们可以多给他们一点时间去踢水。然而，如果宝宝哭闹，或者以某种方式显示在水里感到不安，那么在下次给宝宝洗澡前最好先等待一会儿。

在把宝宝从温水中抱到换尿布台上的过程中，湿润的皮肤暴露在空气中会让宝宝感到有点冷，不舒服。因此，在把宝宝从水里抱出来之前，最好提前告诉他们。我们可以说："宝贝，现在我要把你从水里抱出来。你可能会觉得有点冷，暂时对你来说不是很舒服，但是我会马上用毛巾把你包裹起来，让你感觉暖和又舒服。"

给宝宝洗完澡穿衣服时，他们可能不配合或哭闹，这也许是因为洗澡让孩子感到累了。即使宝宝开始哭闹了，也不要试图快速给他们穿衣服，动作过快会令其更加不安。相反，动作要轻柔舒缓，同时配合平和的话语，让宝宝知道你理解他们此时的感受。

使用婴儿背带的问题

如果我们打算使用婴儿背带，请先考虑它会如何影响宝宝在背带中的舒适度。在出生后最初的几个月里，婴儿的背部和颈部肌肉组织并没有完全发育好，脊柱还不够结实。因此，在宝宝能依靠自己的力量坐起来之前，成人抱孩子时，让其处于平躺的姿势是有道理的。

如果宝宝被过早地竖直抱着，他们的腰会弯着，背会驼着，头也会歪向一边。尽管有些婴儿背带设计得能够支撑宝宝的头部和颈部，但这些支撑往往不是很有效。

在宝宝能够自己抬起头来之前，如果他们不得不抬头，会导致其颈部处于紧张状态。此外，婴儿背带还会限制婴儿的活动，宝宝最多只能动一动胳膊和腿。驼着背，再加上活动受限，势必导致宝宝呼吸变浅，氧气摄入量减少。因此，宝宝更容易感到疲劳，常会昏昏欲睡。氧气摄入量的减少和活动受限，也会影响宝宝的食欲，从而吃得更少。

如果宝宝经常被竖直抱着，他们可能不再习惯平躺在床上，躺着也会感到不安。而且，还会致使宝宝躺在床上入睡变得困难。

让宝宝竖着躺在婴儿背带里,面对你抱着,你们之间就可以有眼神交流。宝宝也会感到更安全,尤其是在陌生的环境中。反之,如果宝宝在婴儿背带中是背对着你,他们就会暴露在大量无法避开的感官刺激中,过度的刺激令其无法应对。

婴儿背带的好处和挑战

使用婴儿背带的确有许多好处:有助于我们更容易在诸如树林里或沙滩上这样不平坦的路面上行走;带着宝宝上下楼梯时变得更容易;此外,用婴儿背带来带宝宝比使用婴儿车更容易通过门口;婴儿背带既能让我们与宝宝有亲密的身体接触,又能解放我们的双臂和双手。

虽然很多育儿书籍都强调,上述最后一点是使用婴儿背带的重要好处和很好的理由,但婴儿车会让婴儿感到更舒适,至少在长距离的行程中是这样。在婴儿车里,宝宝可以平稳地躺着,身体能得到很好的支撑,这样宝宝会感到更加放松,而且有更多的活动空间。

使用婴儿背带的另一个好处是,它可以让我们一边带孩子一边做自己的事情。我们用婴儿背带抱着宝宝,可以去杂货店购物、打包午餐,或者站着用我们的双手做任何需要做的事情。

但是,如果我们一直这样带孩子,渐渐地就会产生一些问题。在婴儿背带里,宝宝没有机会独自玩耍、活动,甚至他们只是四处张望,而不是不停地活动。孩子的第一个玩具就是他们自己!

长时间待在婴儿背带中会阻碍宝宝探索自己的身体，例如，在背带中，宝宝的脚随着身体晃来晃去几个小时，他们就很难有机会发现自己的脚。

随着宝宝一天天长大、体重增加，我们的体能已经不允许我们一直这样带孩子。总有一天，我们得把孩子放下。一个不习惯自己躺着或独立翻身的孩子，必然需要经常让人抱着。

即使现在宝宝还很小，一直抱着孩子也会让作为父母的我们身体疲惫。父母要考虑自己的健康状况和精力水平，这一点非常重要。让孩子的独立性得到发展，学会享受自娱自乐，这对我们和孩子都会有益。综上所述，我们需要考虑的是，使用婴儿背带或其他带孩子的工具是否真的对我们和孩子都是最好的选择。

宝宝的睡眠和清醒节律

新生儿需要花几周的时间才能找到自己的睡眠和清醒节律。在这段时间里，如果我们能够敏锐地察觉宝宝何时需要安静，不被打扰，保证他们安然入睡，一定是很有帮助的。在孩子出生后最初的日子里，试着调整我们的作息以适应宝宝的需要。

保持规律的日常生活节奏

如果我们的日常生活节奏尽可能地保持一致，将有助于宝宝找到他们自己的节奏，特别是在宝宝出生后的最初几周里。这种

宝宝如何找到自己的睡眠和清醒节律?

可预测性能够让宝宝在这个崭新的世界里定位自己，获得方向感。我们很容易观察到，即使是日常生活节奏的微小改变，例如外出这类再平常不过的事情，都会对孩子造成很大的影响。这种微小的变化可能会影响宝宝接下来几天的生理节律。

帮助宝宝体验昼夜差异

我们在夜间给宝宝喂奶或换尿布时，使用柔和的灯光有助于宝宝分辨昼夜。另外，我们可以轻声地对宝宝耳语几句，这样宝宝更容易再次入睡。

将游戏空间和睡眠空间分开。如果宝宝在床上没有被玩具包围，他们可以更容易地知道什么时间该睡觉，什么时间该游戏。在宝宝出生后的最初几个月里，当宝宝睡醒后玩游戏时，可以将他们抱离床，放在游戏围栏里（更多讨论详见第 4 章的"最初的游戏"）。

建立睡前仪式

父母和孩子每晚都遵循一种睡前仪式，有助于宝宝感觉到何时是晚上了，该睡觉了。这个仪式可以是一首歌曲、一首押韵的短诗、一段祷告、一根蜡烛，或者任何一种我们喜欢的形式。可以在孩子出生后的几天就开始这个仪式。当该仪式成为一天中的最后一件事时，宝宝就会逐渐习惯接下来应该安静并准备入睡这一事实了。

即使我们晚上要外出，或者感到很累，只想安静休息，也要花点时间和宝宝完成这个睡前仪式。如果我们很匆忙，或者不管我们当时有什么感受，其实宝宝都能感知到，这会令其更难安静下来。睡前仪式有助于我们和孩子都安定下来，回归内心的宁静。

一旦宝宝熟悉了睡眠环境，就更容易入睡。因此，睡眠环境的变化要尽可能小。确保宝宝白天和晚上睡觉的地方保持一致。

有助于宝宝晚上入睡的其他方式

对于成人来说，每天的生活是熟悉的，因此，我们很容易认为一切都理所当然。然而，对于小宝宝来说，每天的生活是混乱的，由他们还无法分类的一系列事件所组成。想象一下，对于一个刚从黑暗、温暖、有保护作用的母亲子宫里出生的宝宝来说，暴露在日常生活明亮光线和未经过滤的噪声中将会是一种怎样的感觉。一切都是崭新的：皮肤接触衣服的感觉，有人给换尿布，有人给洗澡，被人照护，认识家庭其他成员并能听到他们的声音。通过多次重复，宝宝会逐渐适应所有这一切。如果宝宝某天夜里无法入睡，这可能是因为他们白天经历了太多新奇的感官刺激。回想一下那天宝宝经历了什么。特别需要注意的是，宝宝是否有暴露在不寻常感官刺激中的经历，比如家里有客人来访，孩子活动地点改变，带宝宝外出购物或乘车旅行，等等。

宝宝需要花时间来消除白天活动带来的内在不安感，然后才能放松入睡。我们平和、宁静的声音能够帮助宝宝放松。母亲的声音对于宝宝来说尤其管用，因为他们在母亲的子宫里就对这个声音非常熟悉了。我们可以告诉宝宝我们理解他们的感受，比如，"你今天见识了很多东西。整个晚上，你都可以好好休息了。"

尽量在睡前和宝宝一起做一些安静的活动。我们白天外出工作，晚上下班回家才见到孩子，所以我们和宝宝很容易因为开心而情不自禁地玩一些喧闹的游戏。但是，这样会让宝宝难以安静下来入睡。相反，我们要尝试和宝宝一起安静且愉悦地度过这段睡前时间。这样，我们双方既可以享受在一起的快乐时光，宝宝也会更容易入睡。

如何应对宝宝不能躺着入睡

如前所述，如果宝宝经常待在婴儿背带里，或者一天中有很长一段时间坐在婴儿摇椅或安全座椅上，那么宝宝躺在床上时就可能感到陌生和不安，可能使其更难入睡。

宝宝不能躺着入睡可能还有其他原因，比如，可能有吐奶的情况。如果我们认为可能是这种情况导致宝宝入睡困难，咨询医生或助产士是很重要的（更多讨论详见第 2 章的 "安全舒适的婴儿床"）。

如何应对宝宝晚上醒了再难入睡

首先，我们要试着找到宝宝哭闹的原因。他们可能是饿了或渴了，可能感到太冷或太热，抑或是需要换尿布了。

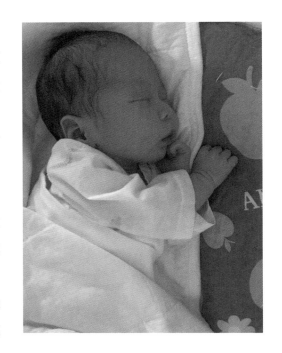

平静且共情的话语往往能帮到我们的孩子。向宝宝描述正在发生的事情，例如，我们可以说："宝贝，你醒了，现在是晚上，我来陪你一会儿。试着继续睡吧，现在大家都在睡觉呢。"最重要的是让宝宝知道我们会陪伴他们。

如果宝宝依旧无法平静下来，我们先不要急着把他们从床上抱起来，而是把我们的一只手轻轻放在宝宝的肚子上，平静地安抚他们。此时，重复那个睡前仪式可能会有帮助。

诸如抱起宝宝、轻摇宝宝、用婴儿车推着宝宝，或者开车带孩子出去溜一圈等做法，或许有助于宝宝再次入睡，但这些做法并不能帮助孩子学会自我安抚。这些做法也会给我们带来压力，消耗我们的精力。当宝宝在床上休息时，陪在孩子身边安慰他们，会让宝宝更容易找到内心的平静。[5]

如何应对宝宝的哭泣

哭泣是交流的一种方式，是宝宝告诉我们其感受的一次机会。新生儿哭的原因有很多，可能因为：

+ 宝宝饥饿或口渴；
+ 宝宝需要换尿布；
+ 宝宝感到太冷或太热；
+ 宝宝感觉失去平衡；
+ 我们变换宝宝的位置太频繁或太快；
+ 宝宝周围的视觉或听觉刺激过多；
+ 宝宝的身体或情绪不适，例如胀气或肚子疼；
+ 宝宝正在处理出生前或出生时的经历。

要有同理心。尽管我们为宝宝提供了充满爱的照护，我们也不能总是知道宝宝想要什么。即使我们不知道宝宝哭的原因，也可以试着通过理解宝宝的感受来帮助他们。我们可以说一些安慰的话，例如，"我知道你现在感觉不舒服。也许有些事情对你来说是不是过分了？你肚子疼吗？我会和你在一起，一直陪着你，直到你感觉好一些。"

当我们认真对待孩子的感受，而不是试图将其注意力从困扰他们的事情中转移时，他们会觉得自己被理解了。那么我们就更可能知道孩子的真实需求。

陪伴一个哭闹的宝宝并不容易。我们会试图通过分散宝宝的注意力、轻轻地摇晃宝宝、用婴儿车推着宝宝，或者用奶嘴、奶瓶和哺乳来安抚宝宝。然而，有时这些行为并不能真正回应孩子当时的感受。

作为成人，当我们感到难过时，我们需要向他人倾诉，或者有一个可以依靠的肩膀靠一靠。我们需要有人富有同理心地来理解我们，不希望有人试图分散我们的注意力。小孩子也是如此。有时，我们试图转移宝宝的注意力，这样做会阻碍宝宝学习辨别自己的感受，难以找到更清晰地表达自己感受的方式。

黑暗可以安抚宝宝

父母通常认为，新生儿在出生后的最初几周里害怕睡在黑暗的房间里。他们以为，婴儿夜间啼哭是因为怕黑。"恰恰相反，婴儿喜欢黑暗，黑暗能让他们平静下来，毕竟他们是从黑暗的子宫里出生的，他们必须先习惯光线。"[6]

话虽如此，但有些婴儿在黑暗中的确会感到不适和恐惧。作为父母，我们有一项艰巨的任务，那就是搞清楚宝宝是否真的害怕黑暗。如果答案是肯定的，他们需要怎样才会感到安全。宝宝能够感受到我们的情绪，我们也可以考虑一下：宝宝是否会被我们自己对黑暗的恐惧所感染。

宝宝能感受到我们的情绪

宝宝能够感受到我们内心的平静和不安。基于此，面对宝宝的啼哭，我们要保持冷静。当然，这说起来容易做起来难。下面的这些问题有助于我们理解在宝宝啼哭时我们自己可能会产生的感受。

我们对自己的感受有越清晰的认知，我们对自己的恐惧和不安就有越深刻的了解，也就越能觉察宝宝的感受。

✦ 当宝宝哭泣时，我们有何感受？

✦ 我们担心宝宝感到孤单吗？

✦ 我们会认为，如果我们做"对"了每一件事，宝宝就没有理由哭了吗？

✦ 如果宝宝在我们面前不能平静下来，我们会觉得自己是一个"不称职"的父亲或母亲吗？

✦ 我们担心宝宝的哭声会吵醒或打扰家人或邻居吗？

第 4 章

0~1 岁的宝宝

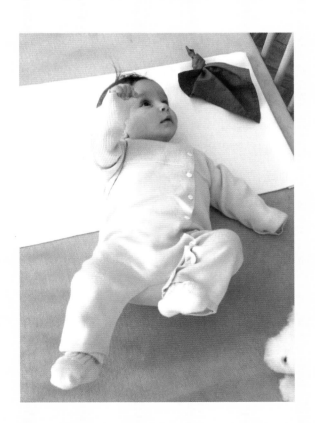

0~1 岁宝宝的运动发展

学习翻身、爬和坐

在母亲的子宫里，胎儿感觉不到重力的作用。他们漂浮在羊水中，通过弯曲四肢来移动。胎儿的身体发育得越大，子宫内的空间对其来说就变得越狭小，移动时就越容易碰到子宫壁。这恰是宝宝最初的触觉体验，这种体验为宝宝离开母亲子宫后感受自己的身体做好了准备。

出生时，新生儿第一次感受到重力，他们需要用几周的时间来适应这种变化。宝宝的四肢再也触碰不到那熟悉的子宫壁，他们无助地挥臂踢腿，好像在寻找着它。现在，宝宝必须学着适应他们那自离开母亲子宫以后一直无助的身体，学着移动它，并最终控制自己的动作。搞清楚如何使用自己的身体，这给新生儿带来了诸多挑战。

在宝宝出生后的第一年里，有许多运动发展阶段。成人可以观察到这一惊人的发展过程，并见证宝宝那神奇的自我学习能力。[1]

✦ 宝宝需要找到平衡感，首先从躺着摸索身体平衡开始；

✦ 宝宝学着控制头部保持中正，并学习左右转头；

✦ 宝宝探索自己的手和脚，学着协调四肢的运动；

✦ 宝宝仰躺着，通过蠕动来移动自己的身体；

✦ 宝宝学着从仰躺转向侧卧；

✦ 宝宝学着从仰躺到翻身成俯卧，再翻转过来；

✦ 宝宝学习腹部着地爬行，之后再用四肢爬行；

✦ 宝宝能自己坐起来。

每个宝宝学习和运动的方式各不相同

虽然宝宝通常会按照相同的顺序经历上述所有的发展阶段，但他们学习每一阶段所需的时间以及经过每一阶段所用的方式却因人而异。这些方式和时间的不同足以反映出宝宝的个性。正如宝宝说出第一个词的时间各不相同一样，他们运动技能发展的时间也不尽相同。有些宝宝在 13 个月大甚至更早些时候就会走，而有些宝宝则在 18 个月大甚至更晚些时候才会走。

因此，如果宝宝 1 岁前还不会坐，大可也不必焦虑。或许他们只是需要更多一点时间。只要他们对周围环境感兴趣，并用自己所有的感官去主动探索即可。

其实，孩子最清楚自己何时完成了某个发展阶段，并且已经准备好进入下一个发展阶段了。因此，重要的是，我们要给予他们时间，让宝宝自己去学习。

帮助宝宝找到平衡

我们无法让身体保持永久的平衡，除非它处于静止状态。当我们坐下来、站起来和行走时，我们必须重新找到身体的平衡。不过，我们已经习惯了这样的过程，除非"失去平衡"，否则我们不会注意到它。

　　新生儿是刚刚从子宫内的失重状态下来到世间的。当宝宝仰躺时，整个身体都会受到重力的作用。硬一点的床垫能为婴儿提供最好的支撑；柔软的床垫会让婴儿的身体陷进去，感觉不那么稳固，因此更缺乏安全感。同样，枕头太软也会让婴儿的头陷进去，令其无法充分地将头转向左右两侧。如果宝宝吐奶，还可能导致窒息。宝宝其实并不需要枕头，但如果我们想给孩子用枕头，一定要确保枕头的硬度和高度适中，让孩子可以自如转头。这样宝宝会觉得更加稳定、更有安全感，还可以在吐奶时将头转向一边。

　　宝宝姿势的每次变换都不免有些晕头转向。在抱着他们或者把他们从床上或尿布台上抱起时，如果我们的动作缓慢且小心翼翼，他们就不会感到太晕。

　　除学习新的运动技能外，每一个发展的里程碑也在挑战宝宝以一种新的方式找到自身的平衡。

从头部开始学习运动控制

　　占比相对较大的头部是宝宝身体最发达的部分。虽然他们的胳膊和腿仍然不够协调，似乎在不受控地自行运动，但宝宝能设法控制其头部的活动。出生后不久，当母亲或父亲走近婴儿床时，宝宝会把目光转向她 / 他，还会将目光转向一盏亮着的灯或某个噪声。很快宝宝就能把头完全转向这些东西了。

如何抱小宝宝

新生儿的身体娇小，没有足够的力量支撑他们相对较大的头。当我们抱起仰躺的宝宝时，我们要给予其头和脖子足够的支撑，直到宝宝能在俯卧时自己抬起头和转头为止。如果没有这种支撑，他们的头就会歪向一侧。这会令宝宝感觉不舒服，所以他们会试图努力抬起头，而这样又会导致其颈部肌肉乃至整个身体肌肉紧张。

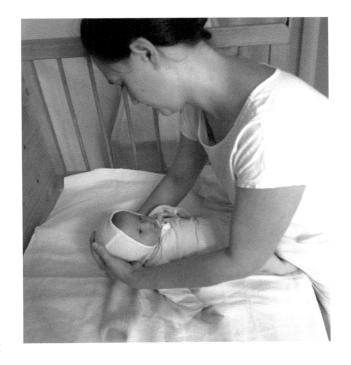

将抱着的宝宝放在床上时，在确保其头被床垫安全地支撑住之后，再小心地把我们的手从宝宝的头下移开。避免突然、剧烈的动作，不要让宝宝的头重重地落在任何物体的表面上。

当宝宝被抱起时，如果头部和颈部没有得到足够的支撑，他们的身体会变得僵硬，从而不会放松地躺在成人的怀抱中。

发展协调能力，探索手和脚

当宝宝放松地睡着时，他们的两条胳膊通常会呈一定角度放

在头的两边，并且双手握拳。有的宝宝还会把一条胳膊以一定角度弯曲，另一条胳膊伸得笔直，这种架势称作"击剑姿势"。[2]这一反射动作通常会在宝宝出生后的几个月内逐渐消失，因此无须担心。

当宝宝仰躺着活动时，他们的那双小手在自己的视野内不断地出现又消失。很显然，宝宝还没有认识到这就是他们自己的手。但是在某一天，宝宝成功地用目光追随着自己的小手，并把两只小手放在了一起——这真是太了不起了！

　　宝宝再次重复这个动作可能是在几天以后，自此之后，他们会越来越频繁地重复练习这一动作。当宝宝开始探索自己的双手时，他们首先会发现，双手可以张开，也可以握紧。然后，宝宝开始研究如何转动双手，使掌心朝外。从那之后，他们能用一只手握住另一只手，紧接着就得学习如何松开手。

　　宝宝还学着用手去抓毯子、婴儿床护栏或自己的脚。通过反复抓住自己的脚，用嘴去探索每个脚趾，宝宝发现这腿和脚也是属于自己的。当宝宝逐渐学会协调自己的四肢时，他们的动作更加自由，也更加自信了。宝宝很快就能有意识地抬起双腿，并在

空中踢来踢去。

　　发展中的每一步，每一次探索，都为宝宝创造了一个充满无限可能的崭新世界。宝宝会重复和改变他们的许多尝试，直到搞清楚自己试图做什么，并对他们正在做的事情充满信心。

身体是宝宝的第一个"玩具"

　　如果宝宝过早地接触玩具，就可能对探索自己的身体、把玩

自己的手和脚失去兴趣，也就不能更好地了解它们。[3] 这会对宝宝
运动技能的发展产生不利影响。（更多讨论详见第 2 章的"不受干
扰的自我探索的重要性"。）

最初的动作

仰躺着的时候，宝宝就已
经开始协调自己的动作了。尽
管他们还没有为侧翻身做好准
备。某一天，我们让宝宝自己
仰躺着玩耍，中途离开了一会
儿。等我们回来时发现，宝宝
已经不在床上原来的位置了，
这是多么令人惊奇的事情！我
们想知道宝宝是如何做到的？
其实，他们是通过把双脚举在
空中，不停地蠕动身体来实现
的。宝宝可以用这种方式朝着
头的方向移动。这样的蠕动，
也有利于宝宝的身体对称性
发展。

宝宝稍大一点儿，当可以
用脚蹬床面时，就能移动得更

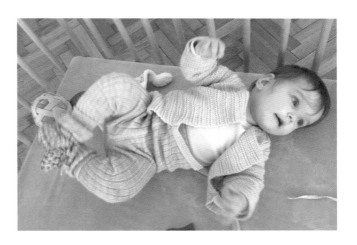

快；或者，他们还可以以头为中心转圈移动。然而，只有躺在足够坚实的表面上才能做到这一点，这就是我们建议使用木地板或硬床垫的原因。硬的表面能带给宝宝更大的抗力去移动身体，而不会像躺在柔软的床垫或地毯上那样，只会把宝宝的身体陷进去。

侧翻身

终于，宝宝开始尝试侧翻身了。当他们抓取物体的能力变得更有针对性时，就会开始尝试这项技能了。宝宝不再只是伸出胳膊，而是用自己的整个身体去够远处的物体。当他们以这样的姿势去够东西时，其后背的一部分会离开床面（或地面）。宝宝的身体越是朝向一侧翻转，就越趋近于侧卧的姿势。最终，他们学会了转动骨盆来完成这个新姿势。对宝宝来说，侧卧时保持身体

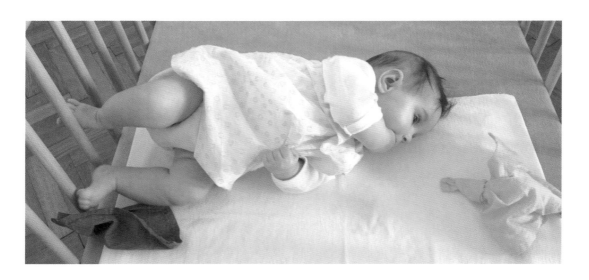

平衡尤其具有挑战性。

为了保持这个姿势，宝宝需要借助头部、肩膀、腿和脚来支撑自己，这是很费体力的，因此宝宝会重新回到仰躺姿势，待休息一会儿，再反复进行尝试，直到他们有足够的信心，能够侧卧着玩一段时间。

在这个时候，通常情况下，宝宝似乎马上就能俯卧了。其实，他们可能还需几周的时间才会真正翻身。第一次尝试翻身，通常发生于宝宝在侧卧位能够抬起头的时候。

翻身后再翻回来

宝宝从侧卧翻身到俯卧似乎比较容易。但是一开始，从侧卧到俯卧纯属偶然，是宝宝身体失去平衡的结果。由于失去平衡，宝宝突然无意中压住了自己的一条或两条胳膊。这种感觉不太好，他们会以哭的方式告诉我们，需要我们帮助他们再次将身体转过来变成仰躺。宝宝还是觉得仰躺最安全。

宝宝会练习翻身，并学习如何将胳膊从身体下面抽出来。即便宝宝能够迅速且熟练地完成这一动作，仍然需要一些时间和大量练习，才能学会再从俯卧翻身到仰躺。为此，宝宝必须先学会以正确的方式调整自己的平衡点。如果宝宝还不具备这种能力，就仍然需要我们的帮助才能翻转到仰躺的姿势。（更多讨论详见本章的"宝宝何时需要帮助"。）

身体变强壮，来回翻身

当宝宝对趴着玩越来越有信心时，他们就尝试抬起上半身。最先是用胳膊肘支撑自己，然后是用手支撑。这一姿势为宝宝打开了新的空间视角——抬头看世界时，世界看起来就不一样了。宝宝会多次重复这一系列动作。所有这些抬起和放下身体的动作，都会增强宝宝全身的肌肉力量。

即使宝宝已经能够信心十足地趴着玩耍了，但是将其放下来的时候，最佳姿势仍是让他们仰躺。宝宝会很快从仰躺变换成自己想要的姿势，这也为孩子提供了另一个变得更强壮、更灵活的机会。

一旦宝宝能够在仰躺和俯卧之间来回变换，他们将不再满足于原来的那个小游戏区了。许多宝宝在来回翻身时变得非常灵活，

可以一个翻滚接着一个翻滚，一直翻滚到远处的物体旁边。他们翻滚得越来越快，也越来越有目的性。

腹部着地的爬行

随着时间的推移，宝宝发现了另一种移动方式，即腹部着地爬行。一开始，宝宝通常只会使劲向后移动，但很快就学会了如何运用胳膊和双腿来向前移动。他们蹬开双腿，用两条小臂撑着向前挪动身体，就连脚趾也在努力推动身体向前。这种姿势有时也被称为"匍匐前进"。

宝宝在房间里移动的速度会越来越快。他们用小臂支撑上半身，两条腿交替向后蹬，腹部着地向前爬行。随着宝宝越来越熟练地用脚趾推动身体，脚的作用也越来越大。显然，宝宝从这种新能力中获得了极大的乐趣。对于宝宝来说，这种乐趣不是源于他们到达了某个特定的地点，而是因为他们从此能够在房间里四处移动，这本身就是一种乐趣。

为坐起来做准备

通过腹部着地爬行，宝宝为下一个过渡姿势做好了准备，即靠在一只肘上，用前臂或手肘支撑自己的身体。在这个姿势中，宝宝的头部、肩膀和胸部都已经能离开地板或床垫。他们用骨盆和一条腿来支撑身体。最开始，宝宝还会用另一条腿和另一只脚来帮助自己保持平衡。这个姿势能让宝宝灵活地向前或向后转身，

准备坐起来的宝宝开始尝试保持身体平衡。

之后，他们还能把腿抬起来。

当宝宝依靠一侧身体支撑自己玩玩具时，他们会多次变换姿势。他们能够通过各种各样甚至是令人惊讶的方式来移动身体并保持平衡，甚至可以用脚趾来保持平衡！

四肢着地的爬行

宝宝现在已经有力量将躯干从地板上支撑起来，用双手和膝盖在房间里四处爬行了。不久之后，有些宝宝还会做出"小熊爬"的姿势，即用双手和脚掌来移动身体。宝宝变得越来越自信，行动也比之前更快了。

背部肌肉力量较弱的宝宝，腹部着地的爬行会持续更长的时间，但这并不意味着他们需要某种特定的技能训练或其他特殊的练习。人体的智慧远超于我们的想象。宝宝爬行的时间越长，身体就会越强壮。他们知道在什么时候该做下一件事情。

坐

宝宝坐起来的方法有很多种。我们会惊叹于孩子的足智多谋，以及他们寻求让自己坐起来的各种独特方法。

一种可能的方法是，宝宝会像前文描述的那样，当用一只手肘支撑身体时，他们会伸出胳膊，用手来支撑自己。这样，宝宝就可以侧着直起身坐起来，再通过将身体的平衡转移到身体的另一侧，努力坐在自己的双脚之间或脚后跟上。现在，宝宝成功地坐起来了，双手也得到了解放。

促使爬和坐的发展是平行进行的。尝试坐起来的另一种方法是，宝宝从爬行姿势向后移动身体，这样他们就能坐在自己的脚后跟之间或脚后跟上。

宝宝也可以从站立的姿势进入第一次的坐姿。他们通过抓住某些东西让自己站起来，然后只需让自己的臀部着地，就变成了坐姿。

当然，宝宝也可以在成人的帮助下坐起来。然而，最好是让他们依靠自己的力量逐渐学会坐，因为我们并不能确切地知道宝宝的肌肉组织何时发育得足够强壮。永远不要强迫孩子提前学坐。当宝宝的身体发育成熟时，他们会主动获得这种能力。

在宝宝准备好自己能坐起来之前就让他们学坐，这对婴儿而言是有损身心健康的。正如皮克勒博士所描述的那样，在婴儿的背部和腹部肌肉尚未发育得足够强壮之前，被要求过早坐起来的孩子，他们的身体会出现如下明显的症状：

> "整个躯干下沉，脊柱弯曲，腹部和胸腔向内挤压，与内脏器官挤在一起，呼吸也变得更加困难。最能说明问题的是，我们担心孩子坐着时可能会随时摔倒。他们坐起来依靠的并非骨盆底端的坐骨发力，而是骶骨周围在受力。"[4]

宝宝的发育和发展是否正常且"按时"

当同龄孩子的父母们聚在一起时，通常会比较每个孩子的能力。例如，一个孩子在房间里四处乱爬；而另一个孩子却不怎么动，喜欢坐在那里观察周围发生的事情。这些差异只是每个孩子不同个性的表现，不应该被视为显著的发展差异。健康的孩子，他们的发展是持续性的，不会停滞不前。每一阶段的发展都是在为下一阶段做准备。

我们可能会注意到，宝宝在进入下一个发展阶段之前似乎会出现"后退一步"的现象，这是一种准备状态。即使某个宝宝已经能非常熟练地坐起来，他/她依旧喜欢退回到熟悉的仰躺或俯卧的姿势。起初，对于宝宝来说，他们坐起来需要付出很大的努力，因为这要求他们能够自如地调整自己的平衡点，能够很好地协调复杂的动作顺序。因此，当他们回到地板上并以熟悉的姿势躺下时，不应被视为一种发展的倒退。宝宝在学习和练习新技能时，需要依赖某些他们熟悉并感到舒适的东西。

宝宝并不会为了某个特定的目标而努力，比如学会走路。他们四处活动只是为了乐趣，并享受其中。没有所谓的"正确"或"错误"的动作，一次"失败"的尝试可能和一次"成功"的尝试一样有用，均能为孩子带来同样有益的经验和快乐。皮克勒博士写道："运动本身就能带来乐趣，无论如何，很难判断孩子究竟是从'成功'的尝试中学到的更多，还是从'失败'的尝试中学到的更多。"[5]

支持早期运动的发展

我们能够给予孩子的最好支持就是为他们创设一种为各种动作发展提供机会的环境。对于父母而言，用旁观者的角色来参与孩子的运动发展是一项具有挑战的任务。父母善意的干预，诸如让孩子坐起来，或"帮助"他们达到某个发展里程碑，实际上并不能使孩子更好或更快地发展。

当宝宝开始爬时，成人在地板上设置的一些小障碍会吸引他们，对他们来说也是一种挑战。在运动过程中，有些东西能够鼓励宝宝，让其感到好玩、开心：[6]

✦ 硬地垫或硬床垫；

图 1

图 2

图 3

图 4

图 5

图 6

✦ 质地较硬的缓冲垫；

✦ 爬行箱，带或不带爬行坡道（参考图 1~ 图 4 ），爬行坡道也
能翻转过来让孩子爬进去；

✦ 表面光滑（且边缘无棱角）的厚木板；

✦ 可以让孩子推着走的篮子；

✦ 孩子能够爬进爬出的篮子（参考图 5~ 图 6 ）。

利用这类物品和设施，宝宝能够学会协调自己动作的顺序，调整自己的身体平衡，更好地判断高度差异。宝宝对自己的空间感知变得更加自信，并在这一过程中学会评估自己可以做哪些事情，哪些事情是自己还没有准备好的。

爬楼梯时面临的挑战

位于匈牙利布达佩斯的皮克勒研究中心的工作人员经过多年的观察和研究证实，孩子天生具备自己学会爬上爬下楼梯的能力。但是在这一阶段，置孩子一人于无人看管的境况是不明智的。我们应避免让孩子尝试那些非常陡峭、台阶之间存在缝隙或者扶手存在安全隐患的楼梯。

我们可以将孩子放在楼梯的第一级台阶前，观察他们是否会主动尝试向上爬，从而了解他们是否为爬楼梯做好了准备。如果孩子决定尝试，我们可以待在其身后 2~3 个台阶的位置，这有助于我们和孩子都更有信心。

当宝宝明确表示他们还想爬下楼梯时，那就更令人兴奋了。因为宝宝一开始大多是向前爬，并且习惯了朝头的方向移动，所以他们也会头朝前地爬下台阶。如果我们试图告诉宝宝倒着爬下楼梯更安全，这可能会使他们感到困惑。宝宝学习爬下楼梯的自然顺序是：开始时是头朝下爬，然后是侧身向下爬，之后才会倒着向下爬。同样，如果我们保持在宝宝身后 2~3 个台阶处，就可以让他们安全地爬下楼梯。

帮宝宝建立自信

让宝宝自己掌握发展的节奏，这对其建立自信至关重要。在宝宝搞清楚自己想做什么之前，让他们尽可能多地去尝试和体验，以自己的方式自由地发展各种动作。由此产生的自信、毅力和耐力，将是成就他们未来人生的宝贵基础。

每一个健康发展的宝宝，都想尽可能地独立。一旦宝宝能开口说话，就会大声喊"我来做"或"我自己来"。但是，即使在宝宝还不能清晰地用语言表达之前，当他们想要自己尝试某件事情时，也会拒绝成人的帮助。即使宝宝一开始没有达成自己的目标，比如第一次尝试着站起来，其自信也仍会通过自己的尝试而增长。

宝宝何时需要帮助

每个孩子都有自己与生俱来的智慧，不需要我们的帮助，就能学会走路、说话和思考。就像在没有外界干扰的情况下，胎儿在子宫内成长并形成各个功能器官一样，我们也要相信，宝宝出生后，所有必要的发展都将会在适当的时间发生。

细致地观察我们的宝宝是如何做出每一个动作的，是如何为下一阶段的发展做准备并不断练习的。我们会看到宝宝惊人的能力！观察宝宝自己能够掌握多少能力，这有助于我们对他们的能力建立信心。

但是，宝宝有时也需要我们的帮助。当他们开始哭泣或明显感到沮丧时，就需要我们的帮助。要避免过多指导宝宝应该如何移动身体，因为他们并不能通过语言找到身体的平衡，只有通过协调自身才能做到。

如果宝宝确实需要帮助，首先要告诉宝宝我们打算帮助他们，接下来我们会如何做，这样宝宝就能做好准备来接受我们的帮助。这样做也有助于当我们走近宝宝时，他们可以看到我们过来了，而不是突然从背后把宝宝抱起来。如果我们抱着宝宝，打算把他们放下时，动作和姿势要让宝宝感觉是安全的。这个姿势取决于孩子当前的发展阶段，可以让其俯卧或仰躺、站着或坐着。

宝宝很快就会准备再次尝试，继续进行试验。在宝宝进行每一次新的尝试时，我们要试着多等待一段时间，观察他们是否真的需要帮助，不要过度且频繁地干预。

你能给予孩子最大的支持就是：给予充足的时间，让孩子自己去尝试各种活动，这一点之重要再怎么强调都不为过。若能做到，可以肯定你就不会对孩子有过多超出其优势和能力的要求。

孩子几乎不需要借助我们的帮助来发展新能力。他们会自发地、乐此不疲地用大量时间进行尝试，最终以一种熟练、自信、轻松且恰当的方式获得四处活动的能力。来自成人的每一种形式的干预，都会让孩子更难学会判断自己的身体能力，了解自己的极限。

当成人尽可能地减少对孩子的干预时，他们受伤、撞到东西、绊倒或摔倒的可能性就会显著减少。玛格丽特·冯·奥尔沃登和马里·威斯写道："强行让一个还不能独自坐的孩子坐起来，会使其更容易在伸手够东西时跌倒，因为他/她还不知道如何调整自己身体的平衡。孩子的身体发育还未进入准备学习坐的阶段。"[7] 当孩子还不能依靠自己的力量爬到某个物体上时，成人将其抱到上面的做法也是不可取的。

一个案例

开始侧卧的宝宝不得不离开她熟悉的、安全的仰躺姿势。侧卧时身体与地面或垫子的接触面比仰躺时要小，因此，她必须重新找到身体的平衡。

起初，宝宝总是将身体转向同一侧。当她对这个姿势有信心后，也会尝试将身体转向另一侧。显而易见，如果给予宝宝足够的时间，她能非常准确地判断自己身体的能力和极限。

宝宝最清楚自己的探索动作需要多大胆量、真正掌握一种动作需要重复多少次，以及何时再次尝试一种新的、最初不稳定的

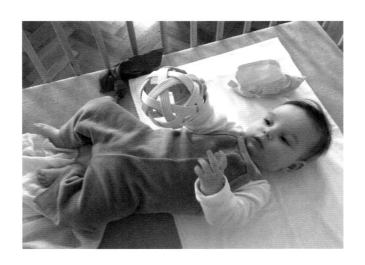

姿势。在宝宝努力发展的过程中，所有的动作都是在为下一阶段
做准备。当她对某一种姿势有足够的自信时，就会在此基础上转
向尝试下一个姿势。

最初的游戏

0~1 岁宝宝游戏的发展

　　我们已经描述了宝宝最初如何发现和探索自己的身体——他
们的手、手指、腿和脚。宝宝发出各种各样的声音，这也是他们
发现和探索自己身体的一部分。因此，游戏的发展始于宝宝对其
身体的探索。在宝宝能够抓住东西并能再次松开之前，不需要为

他们提供什么"第一波玩具",这种观点是有道理的。

第一个玩具

用一小块棉布作为宝宝的第一个玩具,这个巧妙的想法源自艾米·皮克勒博士。在摆弄这块棉布时,宝宝觉得自己真的可以用它来做点什么:拉扯和晃动这块棉布,会不断产生新的褶皱和形状。如果棉布上没有图案,宝宝就能够清楚地看到不断变化的褶皱以及它们的光影。与其他玩具(如拨浪鼓)相比,棉布作为玩具的另一个优点是,它不会让宝宝伤到自己。

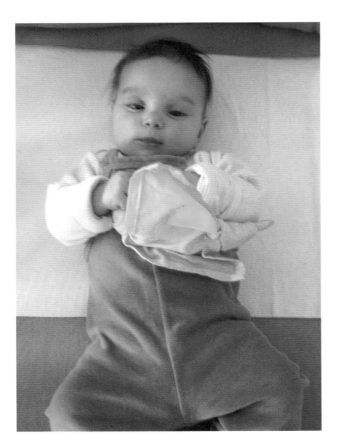

棉布可以放在宝宝的头旁边,让其触手可及。把主动权交给宝宝,给他们机会,让他们决定只是看看它,摸摸它,还是马上开始摆弄它。从中我们可以了解宝宝是如何主动行动的。无论他们为自己做什么,对其发展来说,总比成人为他们做这做那更重要。

不久我们就会看到,宝宝能

扰地做自己想做的事情。[8] 同时，宝宝在这个活动区内可以远离潜在的危险，这也让你感到安心。

在一个封闭的区域中，宝宝可以自由地享受对其而言重要的探索时光，而不会受到我们的安全警告以及禁令的干扰，例如，"小心！"或"不要那样做！"在婴儿的世界里，他们想要自由、开放地去探索。如果宝宝经常被警告要小心，或者限制他们正在做的事情，这对宝宝来说是相当危险的。

如果我们的家里没有婴儿围栏、婴儿安全门或空间隔板，我们就需要将宝宝不应该触碰的东西移走，比如架子、落地灯等。这个年龄段的孩子还无法理解"不要碰！"的意思。

宝宝想要参与家庭生活

宝宝越来越想参与到家庭生活中来。在家里，父母和兄弟姐妹之间的互动最多，进行着一系列日常生活活动。一旦宝宝开始四处爬行，他们就一定不希望自己被冷落。

如果在厨房的底层橱柜或抽屉里放上专门给宝宝玩的东西，如小锅、锅盖、塑料碗、木勺、搅拌器、棉布和毛巾等，

他们就会在大人做家务时也有事可做了。

利于宝宝专注于游戏的条件

要使宝宝专注于游戏，前提条件是让他们感到周围是安全的，知道你就在附近，他们可以放心地去玩。如果我们不得不在宝宝游戏时离开房间，要明确告诉他们，我们要离开一会儿，很快就会回来。

上述建议从宝宝出生之日起就适用。如果宝宝经常发现你突然离开，并且不知道你离开的原因，那么他们会潜意识地害怕你随时会消失。这会给宝宝造成一定程度的焦虑，使宝宝无法专注于游戏。

探索客体

我们来一场小小的探索之旅，让自己进入这样一种状态，设身处地从宝宝的视角来想问题。他们还不能为在周围环境中发现的客体命名，但他们仍兴趣十足地想用自己所有的感官去了解每一件事物。

那个闪闪发光的东西是什么？它有一些空隙，可以把手伸进去。你的手触碰到了又硬又细、还略有一些弹性的东西。你把它放在嘴边，感觉又冷又硬，它太大了，不能将它全部放进嘴里。当它掉在地板上时，会发出叮当的声响。多么令人兴奋啊！你还想再听一次。这次你故意把它扔在地上，一次又一次，直到你最终知道，它总是会发出那样的声响，总是以某种特定的方式在地板上滚动。在这个过程中，你发现还可以用它来敲打地板。这件物品有一个名字，有一天你会知道，它就是"搅拌器"。之后，你会发现成人是如何使用它的。

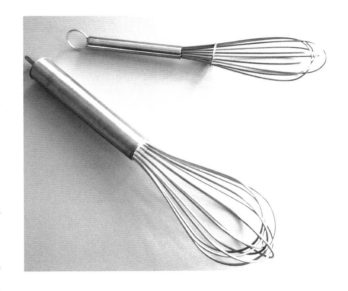

如果我们想象一下对"搅拌器"的这段探索之旅，就会明白，宝宝需要足够的时间去详细了解其周围的每一件客体。这个例子也充分说明了为什么玩具太多对宝宝不是件好事情。一般来说，需要玩具多样化的是成人，而非孩子。

礼物

孩子的房间很快就会被用心良苦的家人和善意的朋友送来的礼物填满。面对如此多的玩具，即便是父母也会眼花缭乱——真的搞不清楚孩子都有什么东西，都分别放在哪里。

我们要尽量积极主动采取一些措施。可以考虑在孩子的生日邀请函上温馨地写上："您的到来便是最好的礼物！"，或者委婉地建议孩子的祖父母选择一小束花、贝壳或蜂蜡蜡烛作为孩子的礼物就足够了。和别人讨论"什么样的玩具、多少玩具最适合你的宝宝"并不总是那么容易，因此，在这件事情上，尽我们所能就可以了。

适合 0～1 岁宝宝的玩具

以下是一些建议：

+ 一块边长约 30 厘米的方形棉布。宝宝出生后的最初几个月不建议给其使用丝绸布料，因为丝绸在宝宝吸吮时会变湿，"粘"在其皮肤上，如果它堵在宝宝的口鼻部位，很容易引起窒息。
+ 宝宝容易抓握的很轻的布球。
+ 宝宝容易抓握和转动的用藤条制成的球。[9]在宝宝能够自己去捡球之前，可以用布料穿过藤条球，防止球滚远。
+ 不同材质和大小的篮子，有无提手皆可。
+ 不同大小的木质或竹制圆环。这些东西可以在工艺品商店买到，确保它们的材质无毒并足够大，预防宝宝吞食造成窒息风险。你也可以选择未上漆的木质窗帘环，用短丝带将一个或几个圆环系在一起。
+ 各种炊具和家用器具：大小不一的筛子、小搅拌器、小木勺、较轻的锅和盖子、各种不易碎的小碗和杯子（如木质或金属材质）、餐巾环、橡胶材质的刮刀、编织或毛毡垫子、木质或金属的蛋杯、有盖子的容器、软毛刷子，等等，这里仅举几例。

更多讨论详见第 5 章的"1~2 岁孩子的自由游戏发展"。

和宝宝交谈

起初，一些父母觉得和那么小的宝宝说话有点怪怪的。当然，新生儿是听不懂父母说的任何一句话的。尽管如此，从宝宝一出生就和他们说话还是很重要的，有这么几个理由。

宝宝能识别你的声音

一个 11 岁的男孩告诉母亲一件令她惊讶的事情："当我还在

© beginning well

你身体内的'小房子'里时，那里很黑很温暖，您说话时我总能听见。"

　　宝宝在出生前就能听到妈妈的声音，听觉能力在胎儿期之初便开始发展。宝宝出生后，妈妈的声音对他们来说既熟悉又令人安心。这就是为什么当孩子哭泣或感到不安时，妈妈的声音特别具有安抚作用。

话题

　　我们反复强调了在日常照护和游戏中"告诉宝宝接下来会发生什么"的重要性，这样做有利于宝宝建立自信。在日常照护过程中可以伴随这样一些告知，诸如"看，这是你的背心，我想给你穿上"。由于此类照护行为每天都会发生多次，宝宝会反复听到同样的话。这样做有助于宝宝理解这些词语的意思，并为日后学说话做准备，因为宝宝正是通过频繁的重复来学习语言的。

　　不仅如此，这些实际发生的事情并不是你和宝宝谈论的唯一内容。下面这些也可以成为你和宝宝谈论的话题。

✦ 告诉宝宝你喜爱的事物、你感知到的美好事物，将来某一天你的宝宝也可能会体验到它们。

✦ 告诉宝宝有他 / 她的陪伴令你感到无比快乐，你有多爱他 / 她，你为其来到这个世界做好了一切准备。

✦ 向宝宝描述周围的环境。宝宝会很享受地倾听你描述的一幅幅美好场景：或是阳光洒进房间，或是夜幕将至，落日的余晖将天空染成了鲜艳的红色。

✦ 告诉宝宝那些未来可期的事情。例如，他 / 她将来会看到的美丽的地方，或者有一天他 / 她将学会与小朋友交谈，跟小朋友玩耍，或者任何你能想到的那些他 / 她所期待的事物。

宝宝能听懂多少

　　当然，宝宝现在还不能理解你说的任何一个字词，但他们能够理解你话语中传递出的情绪和感受，无论这种感受是共情、喜悦、烦恼或悲伤。例如，如果你告诉宝宝今天下雪了，你喜欢下雪，因为雪让万物都变得洁白，变得更加明亮。宝宝虽然不理解"雪"这个词的含义，但他们会吸纳你对雪的一切感受。宝宝已经能懂得比言语本身多得多的东西了。

　　因为宝宝能够理解你的感受，所以他们能感觉到你说的话是否发自真心。你无法在孩子面前掩饰你真实的情感，因此你要避免言不由衷，这一点很重要。当你要带宝宝去看医生时，如实告诉他们："今天我们要去看医生，他会为你接种疫苗。打针可能有点疼，但很快就会结束的。"

对孩子而言，面对不愉快的事实要比措手不及容易得多。频繁地经历意想不到的事情，通常会导致他们在以后无法完全信任成人（更多讨论详见第 2 章的"与孩子建立健康的关系"）。

从牙牙学语到宝宝的第一个词语：言语发展的时间和方式

语言的学习始于胎儿期

宝宝是通过别人和他们说话这种方式来学说话的。仅仅让宝宝听到别人说话是不够的，我们必须真正地和他们说话。从宝宝在子宫内的第 7 个月开始，其喉部就会自发地镜像模仿母亲说话了。

出生后，宝宝想要继续发展已经萌发的语言能力。很快我们会注意到，当我们和宝宝说话时，他们会非常专注地观察我们的嘴部动作。起初，尽管没有发出声音，但他们会试图用自己的嘴唇和嘴模仿我们说话的动作。

全世界的孩子都以同样的方式牙牙学语

全世界的孩子在开始牙牙学语时都会发出同样的声音。任何语言都可以从孩子探索和尝试的各种声音、发声和噪音中产生。

孩子在探索他们的手的同时也开始发出声音。他们的声音组合变得越来越多样化，最终，他们开始滔滔不绝地自言自语，远远听上去像是在和别人说话，这种状态会持续很长一段时间。

孩子发出"babababa……mamamama"的声音，母亲高兴地以为孩子是在呼唤她。她回应孩子"妈妈,妈妈"。通过模仿成人，孩子开始将语音组织成单词。

学习新单词是件令人激动的事

宝宝在1周岁左右，开始指向那些他们想让你说出名称的客体。对于宝宝来说，学习每一个单词都是令其激动的事情。对于宝宝而言，每一个新的字词都能包含整个世界。例如，"球"代表一切圆的物体，包括天空中的月亮。"妈妈"一词不仅指代母亲，它还意味着让宝宝感到关爱和安全的一切东西。

以前宝宝用手势来表达自己的意思，而现在他们越来越能运用一些词语来表达自己的意思。一旦真正开始学习，大多数宝宝将以惊人的速度习得语言。最初，宝宝说的是单词句，通常是一个名词；但是很快，他们就会使用动词和形容词了："汤热吗？"

不要模仿宝宝说话

当宝宝学说话时，很重要的一点是，我们成人不要试图模仿他们说话；同样重要的是，我们也不要总是纠正他们说话。宝宝通过模仿你来学习正确地说话。这意味着，我们帮助宝宝学习说话的最好方式就是"正确地"和他们说话。即使宝宝还没有掌握正确的发音，但他们正在不断听到正确的单词发音，最终他们能学会正确地说出这些单词。如果我们模仿宝宝牙牙学语时的发音，他们会觉得自己没有被认真对待，而且可能需要花更长的时间来学习这个单词的正确发音。

示范和模仿

　　孩子能够非常精确地模仿成人说话的方式。总有一天，我们对孩子说话的方式会变成他们对我们以及其他人说话的方式。孩子的话说得清楚或不清楚，正如他们听到你所说的话一样。如果我们说话时"吞音"（指不发出结尾几个字母或整个单词的音），那么我们的孩子也会这样说话。他们会完美地模仿我们说话的节奏，无论我们是平静地、深情地、快速地、果断地还是愤怒地说话，他们都会带着和我们相同的情绪说话。同样，如果我们想让孩子的言谈有更加丰富的词汇，那么我们在和他们说话时就不要简化我们的语言。

童谣能够促进言语的发展

　　童谣和儿歌有助于促进宝宝的言语发展。

　　举几个例子：

小雨滴真调皮，

乌云上面玩滑梯，

一不小心掉下来，

"滴答"落进土地里。[10]

我们是空中的蝴蝶，

翅膀像仙女的一样轻盈。

我们在花丛中翩翩起舞，

就像小精灵那般欢愉。[11]

小花朵，小花朵，

带着明亮的彩色，

仰望天空，

那里充满光明和温暖。[12, 13]

一遍，又一遍：重复的乐趣

我们可以通过孩子让我们一遍又一遍地重复一首儿歌或童谣来判断他们有多喜欢它们。如果孩子只听过一遍，并不能把这首儿歌或童谣记忆很长时间。只有通过不断的重复，孩子才能在大脑中建立联结，从而使学过的东西得以保持和记住。当一首儿歌或童谣被孩子重复听了许多遍，直到孩子真正记住了它们，才会要求我们再提供其他的。在此之前，我们要不停地重复！

研究表明，诸如电视或计算机程序这类电子媒介不能帮助孩子学说话，也不能扩大他们的词汇量。只有听别人说话，才是孩子学习说话和扩大词汇量的最佳途径（更多讨论详见第 6 章的"家庭的媒体责任"）。

过度的言语刺激会让宝宝感到厌烦

宝宝可能会接触过多的言语刺激，例如，整天开着收音机，这样宝宝会接收到太多的听觉输入，超出了他们的加工能力。年幼的宝宝无法屏蔽自己的感官输入，别无选择，只能被动地接受周围发生的一切。过多"真实"的人类语言也会让宝宝感到烦躁。如果有人不停地对宝宝说个没完没了，他们可能会停止去听。如果宝宝不再听别人说话，那么他们也就无法学习新的词语。

如果宝宝迟迟不开口说话怎么办

有些宝宝开口说话的时间显著比同龄人要晚，有的直到 3 岁才开始说话。一旦这些宝宝开始说话，通常都说得非常流利，没有儿语或语句错误。这些宝宝话说得如此流利，好像他们一直就是这样说话的一般。

如果宝宝的运动和游戏发展没有表现出明显的迟滞，即使开口说话晚些通常也不用担心。这种表现可能是一种性格特征，即宝宝宁愿等到自己能够"正确地"做某件事后才开始去做。成人的要求或训斥可能会使这样的孩子感到不安。

0~1 岁宝宝的喂养：断奶与添加辅食

何时该给宝宝断奶

许多母亲很享受母乳喂养时和宝宝亲密的身体接触。此外，母乳喂养也非常方便，因为宝宝可以随时随地享用每一餐。同时，母乳喂养无须烹饪，外出时也不必考虑去哪里购买或加热食物。妈妈们也喜欢这样的安慰方式，即她们可以通过喂奶哄宝宝入睡，或者让宝宝安静下来。

在理想的情况下，给宝宝断奶应在母亲和孩子身体健康、情绪稳定的情况下进行，避免在陌生或特殊的情况下给宝宝断奶。即使是地点的变化，例如在旅行中，也会让宝宝感到不安。显然，这不是开始断奶的好时机，此时的宝宝比平时更需要与母亲多一些的身体接触来获得安慰。

为了能够成功断奶，作为母亲，做好断奶准备是很重要的。宝宝能感受到我们内心的毅力和决心，相信我们会做对他们最有利的事情。

添加辅食

可以在给宝宝完全断奶前就开始添加辅食。事实上，放慢断奶的过程，逐渐用辅食取代母乳喂养，这样做效果会更好。我们可以告诉宝宝即将发生的变化，以便让他们为此做好准备。例如，我们可以这样说："明天我会给你准备一些胡萝卜泥，你可以先尝尝，看看喜欢不喜欢。"如果第二天在适当的时间能再次告诉他们这件事，对宝宝是很有帮助的。

了解宝宝的饮食偏好

和成人一样，宝宝也有自己的饮食偏好。

当开始为宝宝添加辅食时，我们可以慢慢地发现宝宝偏爱哪些水果和蔬菜。例如，胡萝卜泥和欧洲萝卜泥都略带甜味，是适合大多数宝宝的首选食物。

每次只给宝宝提供一种蔬菜，而不是混合蔬菜，这样就能更容易发现宝宝目前最喜欢的和最不喜欢的蔬菜。每次只尝试一种食物，也有助于宝宝学会区分不同蔬菜和水果各自的味道。

我们还会了解到宝宝更偏爱流食，还是更喜欢固体食物。

无论我们是自己制作还是购买，最好确保辅食不含诸如香料、巧克力、可可或人工香料等调味成分。宝宝的辅食中也不需要添加盐或糖，如果宝宝过早地摄入盐和糖，可能会使他们养成不健康的饮食习惯。

可以在午餐时间或下午的某个时间，适时安排宝宝的第一顿辅食，以此来代替母乳喂养或人工喂养。如果宝宝拒绝吃某种蔬菜，这并不一定意味着他们不喜欢这种蔬菜，可能是因为宝宝需要适应新的口感，或者需要时间习惯用勺子吃东西。如果宝宝拒绝吃某种食物，可以等上几天再试试，还可以做的比上一次更偏流质一些，这样通常会有助于宝宝再次尝试。

我们可以和宝宝一起确定何时应该用更多的辅食来代替下午的母乳或奶粉。最终，我们也可以用辅食来代替夜间的母乳。早上的母乳营养成分最为丰富，所以在用辅食代替母乳的过程中，这一时间段可放在最后。

有时，我们可能想给宝宝提供额外的母乳喂养，比如宝宝生病了。这是一个好主意，生病的孩子免疫系统会变弱，而母乳比任何辅食更容易消化吸收。然而，这并不能成为我们忽略断奶目标的理由，要确保断奶计划尽快回到正轨。

之后，我们也可以在两餐之间为宝宝提供一些偏硬一点的食物供其咀嚼，比如无糖的磨牙饼干甚至干面包皮。宝宝仰躺时更容易发生窒息，所以我们应该在宝宝已经能够翻身俯卧玩耍时才为其提供这些食物。

给宝宝喂食的姿势

让宝宝坐在我们的大腿上是最理想的喂食姿势，这样我们能给予宝宝身体上的亲密感。如果宝宝还不能独立坐，我们可以让他们半躺着为其喂食。这样有助于宝宝从熟悉的躺着吃奶平缓地过渡到坐着进食；同时，半躺这种姿势也不会令其脊椎负重，有助于宝宝放松。这两种姿势在高脚椅上都是无法实现的。

理想的喂食姿势是让宝宝坐在你的大腿上。

　　在给宝宝喂食时，要确保他们的两条胳膊能够自由活动。有
这么一种喂养宝宝的姿势，即把宝宝的一只胳膊放在照护者的背
后，另一只胳膊被照护者握住。对于照护者而言，这样做只是为
了不让宝宝够到饭勺。

　　然而，如果宝宝在进食中能够自由活动双臂，其参与感会更
强，也会享受到更多的进食乐趣。在给宝宝添加辅食的最初阶段，

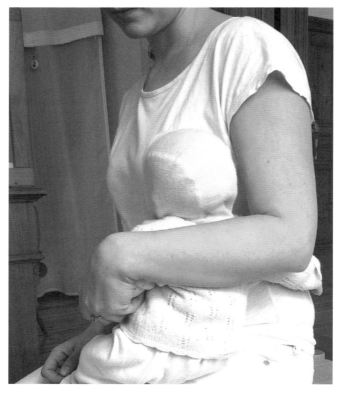

在这张图中，宝宝无法活动其双臂。

的确需要我们多一些耐心。宝宝会学着回应成人的要求，不再伸手抓勺子。把勺子举到宝宝够不到的地方有助于我们喂食，这通常是宝宝试图去抓勺子时照护者本能的反应。把勺子从宝宝能够到的地方移开后，安静地等上一会儿，直到宝宝准备好吃下一口时再喂他们。

即使是年龄稍大一些的宝宝，如果他们要求，我们也可以让他们坐在我们的大腿上进食。例如，一个 18 个月大的宝宝侧身坐在成人的腿上进食，这样他们可以进行眼神交流。

餐具

当我们让宝宝坐在我们的大腿上给他们喂食时，不易破碎的玻璃器皿餐具是很好的选择。这有助于宝宝看到容器里面食物的样子和分量。最初，一个高约 8 厘米、直径约 8 厘米的玻璃杯应该是符合要求的。

勺子不宜过大，不然不适合宝宝的嘴；勺子边缘应足够平滑，让宝宝进食时感觉舒服。当宝宝开始习惯吃固体食物时，吃的量可能很少，可以选择一个小平勺来喂宝宝，比如意式咖啡勺。

你可能会惊讶，我们建议你

用真正的玻璃杯给宝宝喝水，甚至在最开始时就用这种杯子。宝宝会以惊人的速度学会用杯子喝水。最好选择小而结实的玻璃杯，高约 6.7 厘米，直径略小一点。[14]

如上页中的图片所示，如果玻璃杯的杯口略微向外弯，宝宝会更容易喝到水，而且里面的水也不易洒出来。同样，宝宝能够看到玻璃杯中是什么也很重要。一开始，我们可以在玻璃杯中放入少量的牛奶或水。缓慢地倾斜玻璃杯，让液体恰好接触到宝宝的嘴，这样他们就不至于一口喝得太多了。

当宝宝能够自己拿着玻璃杯喝水时，他们会在喝足后立即扔掉水杯。如果我们在宝宝喝水时用手托住杯底，就能在杯子掉地上之前接住它。

进餐时间：让宝宝知道接下来将要发生什么

在进餐之前，让宝宝看看玻璃器皿中的食物，告诉他们接下来要吃什么，这样便于宝宝提前做好准备。开始给宝宝喂食时，如果给他们看看勺子里的食物，他们就会知道接下来要发生的事情。然后，我们慢慢地把勺子放到宝宝的嘴边，等待他们准备好张开嘴。很快，宝宝就会张大嘴巴，期待下一勺食物了。

如何判断宝宝是否吃饱了

如果我们给宝宝食物时他们把头转向一边，这可能表示宝宝已经吃饱了，但这也可能意味着宝宝需要短暂的停顿。我们可以稍等片刻，然后再给他们提供食物。如果宝宝还没有吃饱，很快还会继续再吃的。只要成人不劝孩子多吃，他们会知道自己何时吃饱了。

可以理解，宝宝吃得多，父母更放心。然而，让宝宝享受食物的最佳方式是，不要强迫宝宝吃任何东西。宝宝会遵从内心的感觉来判断自己真正需要多少食物。

宝宝的食量没有固定的标准，有时候吃得较多，而有些时候又吃得较少。在生病前后和生病期间，宝宝的食欲自然会减退。直观来讲，宝宝只会要求他们的机体需要的或能够消化掉的食物量。一旦宝宝的病情好转，他们会把错过的食量再补回来。

连体餐桌椅：为宝宝在餐桌上吃饭做准备

连体餐桌椅（eating bench）是安装在同一块板子上的桌子和餐凳，[15] 它让人想起老式的课桌。对于那些还没准备好坐在餐桌前吃饭的宝宝来说，连体餐桌椅是一件非常适合他们的家具，它为宝宝学习自己进餐提供了一个安全之地。

连体餐桌椅的桌子和餐凳既不会摇晃，也不能被宝宝移动。宝宝不需要成人的帮助就能自己进出。它为宝宝提供了一个方便使用且稳定的空间，不会像一些高脚儿童餐椅那样存在翻倒或跌落的危险。

如果宝宝没有立刻坐进自己的餐凳里，我们可以鼓励他们，例如，把一个盛有苹果片的碗放在连体餐桌椅的桌子上。如果宝

宝开心地坐在餐凳上，而不是拿了苹果片就走开，这可能是一个信号，表明宝宝已经准备好在那里吃饭了。

等待宝宝主动坐到餐凳上，这样做是有意义的。如果宝宝只是单纯地被放进去，自己就不能决定是否以及何时准备停止坐在你的腿上被喂食。当宝宝再长大一些，就会自己坐在连体餐桌椅上吃饭了。再往后，当宝宝能够在家里的餐桌上吃饭时，他们也仍然喜欢坐在连体餐桌椅上吃零食，或者喝水，或者游戏。

连体餐桌椅的替代品

并非每个家庭都有这样的连体
餐桌椅，宝宝也可以坐在成长椅
或其他类似的高脚餐椅上。要使
得这类餐椅的脚踏板和座椅高度
都可以调节，宝宝能够自己爬上
爬下。如果餐椅上有宝宝放脚的
地方，他们会感到更安全，也有
助于宝宝更安静地坐在餐椅上。

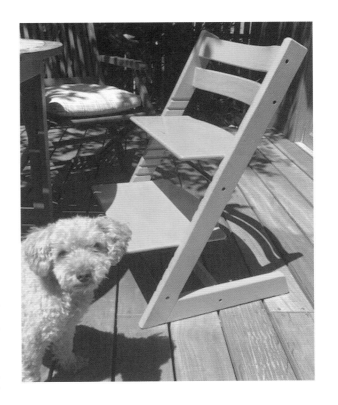

第一次独立吃饭

我们经常低估宝宝用勺子吃饭
需要多少技巧。年幼的宝宝需要
时间练习，才能自信地用勺子舀
起食物并送进自己的嘴里。宝宝
自己用勺子吃饭，不是靠你解释
如何使用或者手把手教就能学会的，而是通过观察我们如何使用
勺子，然后自己模仿并反复尝试。我们需要做的是陪伴在宝宝身
边，并确保尽可能不去干扰他们，或者在宝宝用勺子舀不到食物
或弄得一片狼藉时，耐心地安抚他们的情绪。

如果宝宝吃饭的地方保持得很干净，他们就更有可能学会吃饭时不弄得一片狼藉。进餐时，如果我们把宝宝洒出来的东西及时收拾干净，对宝宝来说也是有益的。训斥会让宝宝感到不安，也影响他们吃东西的乐趣。

在餐桌上吃饭：何时开始，有何期待

直到宝宝有信心无须他人帮助也能吃饭时，我们就不去打扰他们，让宝宝专注地用勺子自己吃饭。起初，当宝宝和我们一起在餐桌上吃饭时，他们几乎不可能做到专注。宝宝的注意力太容易被餐桌上的其他人分散，还想尝一尝其他盘子里的食物。如果让宝宝先吃，我们和其他家庭成员都会感到更放松。等宝宝吃完后，我们就可以更轻松地进餐了。

当我们察觉到宝宝在没有他人帮助的情况下吃饭更自信时，可以试着让他们和我们一起在餐桌上吃饭。

宝宝主要是通过榜样和模仿来学习餐桌礼仪的。他们会观察我们如何细嚼慢咽，嘴里塞满食物时是否还说话，多长时间起身一次去拿东西，在一餐中有多少时间在安静吃饭，又有多少时间干其他事情。

许多人认为应该允许宝宝玩他们的食物。但是，允许宝宝做一些以后会被禁止的事情有什么意义呢？如果宝宝从一开始就知道哪些东西可以玩，哪些东西不可以玩，他们会更容易理解这个世界。沙子、水和各种材质的玩具为他们提供了许多触觉体验，因此，他们并不需要非得通过玩食物来获得这类感官体验。

即使不玩食物，宝宝也会自己发现面条或胡萝卜是什么感觉，因为在吃饭时，他们除了用勺子，还会用手。鼓励宝宝去发现一些东西，比如软的黄油是什么感觉，这与让他们把食物当作玩具是有区别的。

不要期望宝宝能在餐桌边待到所有人都吃完饭。要求小孩子坐在餐桌旁直到所有人都吃完，这对他们来说是苛刻的。当宝宝第一次和家人一起在餐桌上吃饭时，他们可以只在餐桌旁待一小会儿。

如何为站着的宝宝换尿布

在换尿布台上换尿布

当宝宝想四处活动时，给他们换尿布就成了一件富有挑战的事情。当宝宝扶着东西能够自己站起来时，往往就不想再躺着让人给换尿布了。他们最不希望成人把他们当作小宝宝来对待。对于孩子来说，没有什么比成长这件事更令人向往了。为了避免换尿布给我们和宝宝都带来压力，我们需要解决如何给一个跪着或站着的宝宝换尿布。

当宝宝站着的时候，我们可以为其换尿布，这对许多父母来说是一种全新的想法。刚开始时，我们需要经过练习才能习惯这种方法。但这种方法也有一些优势，我们可以在给宝宝清洁小屁

股时让他们来配合我们。例如，我们可以让宝宝弯腰，或者抬起一条腿，或者把两腿分开。但是他们需要扶着一些东西来完成这一系列动作，尿布台上的安全扶手能为宝宝提供稳固的抓握，帮他们完成这些事情。[16]

站在地上换尿布

如果我们想为站在地上的宝宝换尿布，请尽量找一个角落或者两边都有遮挡的地方。有限的空间减少了对宝宝的干扰，这些干扰可能诱使他们想要离开这个换尿布的地方。

将一块可清洗的布或毛巾铺在地上，旁边放置一个适合宝宝用的凳子或脚凳，这能够为他们提供一个舒适的、可辨认的换尿

布区域。宝宝需要一个凳子用来穿紧身衣和裤子。我们可能也需要一个脚凳,这样可以舒服地坐下来为他们换尿布。在给宝宝换尿布时,我们要将所需的物品都提前准备好,放进手边的篮子或其他收纳容器里。

　　有些父母担心给站着的宝宝换尿布会清洁得不彻底。然而,用这种姿势换尿布完全可以给他们清洁干净。我们越冷静、越敏锐,宝宝就越能耐心地配合我们。当然,在这个年龄段,如果我们告诉宝宝接下来要做什么,他们也会感到自己是被认可的。

我们不仅尊重婴儿，

而且在每次与他们互动时都要表现出我们的尊重。

尊重孩子意味着，

即使是最小的婴儿，

我们也要将其作为一个独特的人来对待，

而不是作为一个物件。

——玛格达·格伯

第 5 章

1~2 岁的孩子

整体性学习：让孩子自主探索

皮克勒博士写道："一个孩子，以及长大后的成人，那些在其生活中得以很好运用的真正有价值的知识，均来自他自主的尝试和摸索。"[1]

在英语中，我们用"grasp"一词，即表示用手去抓住，也表示用心去理解。无论小孩子接触什么事物，他们都会用手去抓它们，用心来理解它们。通过周围环境中的经验，孩子逐渐了解身边的事物。

小孩子对世界充满信任，以至于坚信，他们看到成人所做的一切，都是值得为之奋斗的。孩子对其耳闻目睹的一切都去模仿，不带任何偏见或评价。他们只通过观察和体验周围的人来学习走路、说话和思考。

通过体验而非讲解来学习

我们可以观察孩子是如何整体地体验这个世界的。他们是如此开放，以至于以一种对我们成人而言几乎不再可能的方式来体验各种现象。例如，当一个小孩子在观察一棵白桦树时，他看到的不仅仅是一棵有着白色树皮和浅绿色树叶的树。孩子会调动他所有的感官，感知到的可能是这样一番景象：碧蓝的天空下，阳光从圆顶状的树叶中间洒落下来，微风吹动着树叶沙沙作响。鸟儿和昆虫在树叶间穿梭飞舞。孩子们经常把我们的注意力吸引到那些我们不曾注意到的事情上。例如，孩子会告诉我们，雨后的白桦树散发出不一样的味道，树叶也有了更加鲜亮的颜色。

孩子的年龄越小，他们的体验和理解就越具有整体性。因此，我们只应在孩子向我们求助时才给他们讲解。当应孩子的要求做讲解时，我们回答孩子的问题越生动形象、越富有想象力，他们就越能更好地理解。

不妨来分析一下一位父亲和一个孩子的交谈。当孩子听到大人们在谈论彩虹时，孩子听到彩虹是和平的象征，但这个孩子已经很久没有看到彩虹了。他有点担心，问父亲为什么彩虹不再出现了。父亲回答说："也许是因为世界上其他地方的人比我们更需要彩虹。"

孩子会对这个答案感到满意，因为他可以通过自己的感觉来理解它。如果他的父亲试图对彩虹形成的物理条件给出科学的解释，那么情况将会截然不同。

这个例子也表明，成人察觉"促使孩子提问的关注点是什么"该有多么重要。孩子并不总能表达出他们真正想问的问题或关注点。因此，在孩子提出问题时，成人需要认真感受。

理性、事实性的回答会如何影响孩子

正如我们现在知道的，小孩子是通过自主的探索和活动而非通过理性来进行整体性学习的。因此，他们无法理解合乎逻辑的论证和解释，因为他们还未形成这种能力。

对世界怀着纯粹的积极态度，是小孩子与生俱来的品质。冗长的事实性讲解会给孩子留下这样的印象：这个世界非常复杂，而且还可能很危险。这样的一种理性，与小孩子体验世界的整体性方式相悖，也与他们体验世界的需求相悖。

如果孩子接受的经常是这种讲解，那么他们就会习惯成人给予的理性、科学的解释。然而，长此以往的结果是，孩子可能会丧失掉与生俱来的那种能力，即用他们所有的感官来探索周围环境并收集整体性经验的能力。

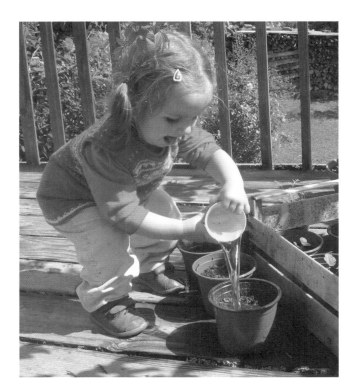

通过自主活动来学习

通过他们自己的活动，小孩子获得了最好的、最有效的学习。成人会先思考一些事情，然后根据他们对情况的评估采取行动。孩子的情况恰好相反。孩子会先行动，然后逐渐认识事物之间的联系，进而逐渐展开思考。

孩子们整合信息所需的时间会差异很大。有些孩子在关抽屉时手指被夹了一次，以后就再也不会发生这种情况了。

有些孩子可能需要经历五次手指被夹，才能懂得如何安全地使用抽屉。

诸如"当心！注意！"等所有善意的警告，并不能、应该也不会阻止孩子的这些痛苦经历。只有通过反复试错，孩子才能明白某种控制原理，例如，抽屉的工作原理。

艾米·皮克勒指出，应该绝对允许孩子面临一些小的危险。孩子在爬行的时候撞到了橱柜的棱角，其伤害程度要比以后他们在奔跑时撞到这些棱角小得多。孩子越早知道这些小危险，之后就越能更好地避免这些危险，从而减少身体变得更加灵活时受到更大伤害的可能性。

在孩子做的每一件事情中，无论是学习抓握、坐立、走路、说话，还是探索事物如何运作，我们都可以看到他们一遍又一遍地重复这些活动，直到他们将这些活动内化，将实验性的活动变成自身的技能。孩子们自己最清楚他们何时掌握了一项技能。孩子没完没了地重复一项任务的毅力和耐力，一次又一次地让我们感到震惊。

"无意识" 学习

成人在走路时，不会刻意去思考如何移动我们的双脚。但是，如果有人批评我们的走路方式并试图纠正我们时，我们就会有意识地关注自己的双脚。然而，这样的批评非但没让我们走得更好，反倒让我们感到不安和尴尬。由于想做得更好而引起的意识增强和紧张，干扰了我们对自己身体的认知，即关于如何走路的无意识知识。

孩子也是如此，他们总是在无意识地模仿他们所看到的一切。如果他们不得不依赖我们的讲解，就永远无法学会自信地行走、熟练地攀爬或流利地说话。我们对孩子讲解得越少，他们就会越自信，并且坚持他们所做的一切。我们无法"培养"孩子的技能，他们只能依靠自己。我们可以相信，孩子的内在智慧将引导他们去做自己需要做的事情。

通过模仿学习的例子

斯文佳的父亲坐在电脑前，正在处理一些必须尽快完成的工作。他对此有些恼火，因为这个时间点他真的很想陪女儿去散步，但是现在却不得不先完成手头这件事。

快 3 岁的斯文佳坐在父亲旁边画画。她平时非常喜欢画画。父亲听到女儿在大声抱怨："我一点儿不想画画，但我又必须画。我必须把这幅画画完，可是我不想画！"他感到很吃惊。

父亲建议说："斯文佳，你不是非得画画，你可以出去玩。"

女儿拒绝了父亲的提议。她继续画画，并继续抱怨："我必须画画……"

她的父亲突然意识到，斯文佳准确反映了他正烦恼于不得不完成手头工作时的想法。

强大的模仿力在小孩子身上是根深蒂固的。再举两个简单的例子。一个男孩训斥他的小妹妹或者想给她看什么东西时，他会用和父母一样的语调对妹妹说话。一个小女孩在玩"打电话"游戏，她说话的语气与她妈妈打电话时一模一样，就连皱眉的样子也如出一辙。

模仿不仅仅是复制

观察孩子的模仿行为时，我们可能会觉得他们只不过是在模仿成人的动作和姿态。然而，孩子的模仿远不止于此。正如上述案例中的斯文佳，此时孩子能够感受到我们的情绪，他们让自己完全沉浸在周围的人和事之中。在这一过程中，他们吸收了成人的心境，连同他们的性情和态度，当然还包括动作和姿态。

孩子不仅模仿我们的外部活动，而且还模仿将我们与这些活动联系起来的价值观。因为小孩子完全信任我们所做的一切，相信我们做事的方式都是对的，所以他们也模仿我们所有的特质，既有积极的，也有消极的。当我们意识到孩子的模仿如此之深时，有时不免会感到担忧，但希望这不至于令人沮丧。

正因为孩子在如此深的层次上模仿我们，因此，教育孩子也是我们自身的一场修行。通过在我们面前立起这样一面清晰的镜子，我们的孩子可以帮助我们了解自己，无情又可爱。

我们也处于成长的过程中，就像我们的孩子一样。这种共同的努力应该让我们与孩子更加亲近，有助于我们了解彼此，也了解自己。我们可以并肩成长，成为最好的自己。

记忆与年幼的孩子

"告诉爸爸，我们今天去哪儿了？"这是一个小孩子经常被问及的问题。然而，在孩子四五岁之前，这种要求会让他们感到困惑，他们不知道答案。他们的记忆不是这样工作的。即使父母试图给出提示帮助其回忆，孩子们回答这类问题仍然很困难。

另外，不同的情况却清楚地表明，小孩子有很好的记忆力。他们能够记住很久以前经历过的事情，而且通常比成人能回忆起更多的细节。然而，只有当记忆被某种东西触发时，比如气味、遇到的特定物体或其他类似的感官提示，才能唤起他们当时的记忆。鲁道夫·斯坦纳提请人们注意这样一个事实，即小孩子的记忆只能通过感官体验触发，并非像我们通常认为的那样由事件本身触发。

小孩子的大脑尚未发育完全，还不能像学龄儿童那样有意识地记住某些事物。这就是为什么当父母问四五岁的孩子"你今天在幼儿园做了什么"时，常常得不到令人满意回答的原因。孩子通常会回答"玩了呀"。他们真的不记得了，只是想赶快避开这个令人困惑的问题。

1~2 岁孩子的运动发展

孩子的站立

孩子第一次会站的年龄差异很大。一些孩子大约在 8 个月大时就能站起来，另一些孩子则在 1 岁多时才会站。尽管他们第一次站起来时必须抓或扶着一些物体，但对于孩子来说，第一次站起来是一种非常特别的经历。他们的眼睛里流露出喜悦，往往伴随着欢呼或大笑，有其独特的性质。

当孩子第一次站起来时，他们会通过抓住或扶着某个物体把自己拉起来，例如床的围栏、某件家具或一面墙。最初，孩子在站立时双腿通常是很僵硬的。这就是孩子最初从站姿转换成

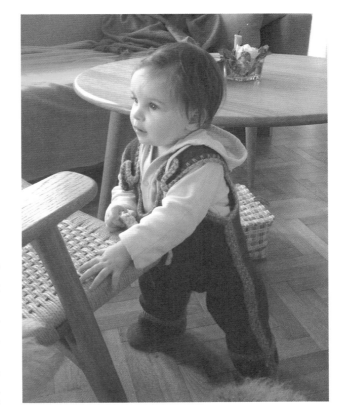

坐姿会很困难的原因。只有在反复尝试多次后，孩子才能设法轻松地站起来。

有的孩子为了坐回到地板上，会直接让自己向后倒在地板上。有的孩子会哭泣，这是他们寻求成人帮助让自己回到坐姿的方式。孩子第一次站起来后，有时会在几个星期之后才再次站起来。

很快，孩子就可以不用扶着东西自己站起来。他们在站立时仍然会抓住什么东西，这样会感觉更舒服。他们会通过移动臀部、膝盖和双脚来尝试更多的站姿。他们还会摇摆着连续起蹲，甚至踮起脚尖站立。他们向前、向后或向两侧摆动，尝试在无数的变化中找到自身的站立平衡。

接下来，孩子会用"熊爬"的姿势（用手掌和脚底支撑四肢）代替外力支撑，让自己站起来。可能需要过上一段时间，他们才会再次尝试这样做。之后，他们也会设法从蹲着的姿势自如地站起来。

善意的帮助并不总是有益的

当孩子试图站起来的时候，我们要尽力克制自己帮他们站起来的冲动。抓着孩子的双手将其拉来并不是一个好主意，因为孩子可能会因此处于一种不安和紧张的姿态中。皮克勒博士写道：

"然而，孩子无法在站立时纠正自己局促、僵硬或不良的站姿。他们无论在身体上还是情感上都还没有发育和发展完全。如果他们发育和发展完全了，就会自己站起来，而不是被迫站起来。他们尚不能纠正自己'表演'中的错误，充其量只能习惯这些错误，然后再去调整这种他们早已熟悉的不良姿势。"[2]

成人帮助孩子学习站立的任何努力，实际上只会阻碍孩子集中精力学习动作的顺序，阻碍他们找到自己的平衡。成人帮助孩子完成一些超越他们发展能力的任务，只能是一厢情愿，揠苗助长，对孩子的力量要求也是过高了。

迈出人生的第一步：值得高兴的事件

孩子在学会不用扶着任何东西站立后不久，将开始迈出他们人生的第一步。最初，他们仍然会扶着家具学走路。他们会侧身迈出第一步，然后，一步一步地谨慎迈步。这清楚地表明，对他们来说，保持每一步的平衡是一件多么具有挑战性的事情。

当孩子侧身行走变得更加自信时，有时他们会只用一只手来扶着辅助物迈步。当这样做时，他们就能弯腰捡起地板上的东西。现在，他们会越来越频繁地尝试自由站立。事实是，他们一次又一次向后跌倒，但这并没有让他们气馁。他们会继续尝试，直到能够自信地站立和自由地移动。

当孩子向前迈出第一步时，双脚是向内转的，间距很宽。他们的脚趾就像吸盘一样，微微收缩，他们需要用双臂来保持平衡。他们的"动作还不定型，就像在摇晃的船上行走的水手，双臂保持着像走钢丝的人那样的姿势。"[3]

许多孩子在迈出第一步的时候，手里会抓握着一个东西，给人的印象是，他们是通过抓握着那个东西来寻求稳定的。

对孩子来说，迈出人生的第一步是一件值得高兴的事情。有的孩子会发出欢快的"哈！"声，以表达对自己凭一己之力取得的成就的惊讶。

当孩子不再需要全神贯注地迈出每一步的时候，我们可以看出此时他们俨然已经成为一个自信的步行者了。他们能够在行走时稳稳地停住而不摇晃，也能够改变前进的方向，行走速度也更快了。

孩子主动地学步

每个人都只能自己学会找到平衡。因此，成人最好克制自己想牵着孩子的手帮他们学走路的冲动。父母经常提及他们的孩子是多么喜欢以自己的方式走路。然而，孩子需要学会自己保持平衡，在学步时总是抓着父母的手只会干扰这一过程。

艾米·皮克勒博士做过大量的观察研究，她发现，那些没被允许自己学步的孩子，走路时脚步更不稳，更容易感到累，也更容易因动作笨拙而摔倒；摔倒时受伤的程度往往比那些独立学会走路的孩子更严重。[4]

从站立到坐下

坐在脚凳或椅子上是另一项孩子需要学习的技能。孩子上身前倾，把自己的身体降低到坐姿，在这一过程中，他们会非常小心，非常留意每一次移动带来的重心变化。然后，他们再次站起来，又坐下。我们可以观察到，他们将身体尽量靠近凳子，上身不过度前倾，并将身体的重量从双脚转移到座位上。在整个过程中，孩子需要太多的技能，才能完成从站姿到坐姿。

孩子开心又专注地试探着其中的每一个步骤，直到坐在脚凳上，然后站起，然后又坐下，就这样一遍又一遍地反复着。这些坐下和站起的尝试，只是为了这些动作本身，而非为了某些特殊的原因。

爬楼梯、攀爬

孩子对爬楼梯变得越来越感兴趣。从下面的图片中可以看到，随着孩子掌握了这项技能，他们的动作质量发生了多么大的变化。

在 14 个月大时，孩子不知疲倦地迈出每一步，动作小心翼翼而有耐心。大约一年后，孩子就可以轻松地走下同样的楼梯了。他们看起来全神贯注，但丝毫不紧张。他们的胳膊、腿、手、脚和头看起来都很放松，姿势也很协调，能够轻松自如地抬起他们的脚。

大多数孩子喜欢利用一切可能的机会去攀爬。他们喜欢那些可以爬过来或跳下去的障碍物：可以爬上跳下的台阶；可以在上面行走的矮墙；可以保持平衡的沙坑边缘。穿过田野和林间的崎岖小路也能激发孩子的兴趣，帮助他们提高运动技能。所有这些运动都让孩子们拥有强烈的体验感，感到愉悦和满足，孩子们喜欢尝试所有这些活动。

为了促进孩子足弓的发育，让孩子尽可能多地光脚运动是有好处的。这一做法适用于室内和室外环境。根据气温的变化，可以给孩子穿暖腿套来保持足部温暖。

父母如何支持 1~2 岁孩子的运动发展

除了上述活动（通常只需利用家中或户外已有的物品），下列

材料也可以激发孩子去做各种各样的运动：[5]

✦ 带或不带可连接爬行坡道的爬行箱（更多关于爬行箱的内容
见第 4 章的"支持早期运动的发展"）。

✦ 孩子可以上下攀爬的木质三角攀爬架（如下图所示）。

✦ 用于攀爬、练习平衡和滑下来的木板。

支持孩子手部灵活性和触觉的发展

为了帮助孩子发展触觉，可以让他们感受许许多多的自然之
物。他们能够感觉出羽毛比树枝更柔软。在海滩上，当他们的手
指滑过贝壳的表面时，可以感受到每个贝壳的触感都不一样。每

支持动作发展的攀爬架。

颗马栗的触感也不相同。

所有这些触摸总是伴随着运动发生的。对各种材料探索式的触摸有助于孩子的指尖变得更加敏感。孩子能够学会小心地或紧紧地抓住一些物体，并以许多不同的方式触摸它们。许多常规的家务和日常活动也为孩子提供了机会，让他们的双手变得更加灵巧。

例如，当一个 2 岁的孩子要求自己在面包上涂黄油时，我们没有理由拒绝他，我们可以给他一把适合儿童用的餐刀，让孩子自己试试。从黄油棒上取一点黄油涂抹在面包上并不是件容易的事情。在急切的尝试之后，孩子通常会向我们寻求帮助。但随着时间的推移，他涂黄油的技能会逐渐熟练起来。

当孩子要求帮忙做家务，或者想自己系上和解开衣服扣子时，我们也应该鼓励他们去尝试。让他们充分地去尝试、去体验，直到他们向我们请求帮助；然后再次去尝试，最终学会做这些事情。

孩子拥有了一块布料、一根针和线后，将会非常开心。最终的结果如何并不重要，他们会享受穿针引线的过程。

当父母开始相信孩子会使用小剪刀和针了，那么他们的确还是需要一点勇气，并做好承担一定风险的准备。最初，孩子应该只在身边有成人的情况下使用这些工具。但是，父母很快就会发现，孩子比他们想象的更加细心、更加熟练、更富有能力。

天然的游戏材料提供了形式多样的游戏和感觉

即使是同一类型的天然材料，也没有两个是完全相同的。而许多人工的传统玩具通常由光滑的塑料或喷漆的木材制成，一式一样。以乐高积木为例，尽管它们的形状和大小各不相同，但它们的基本形状和手感是相同的。

孩子在搭乐高积木时的动作也总是相同的。因为积木是叠拼在一起的，所以孩子不需要运用自己的平衡感。这个原则适用于所有能够叠拼在一起的玩具，也适用于拼图游戏。此外，许多传统玩具和游戏的设计原则就是为了吸引孩子长时间坐在桌子前，但是，这并不适合孩子的天性。

支持健康的户外游戏：让孩子来主导

在户外活动中，只要孩子不曾主动去玩滑梯、跷跷板或攀爬架这类器材，就意味着没有我们的帮助，鼓励他们去尝试是没有任何意义的。

然而，甚至在孩子做好准备之前，他们可能因为看到其他小朋友滑滑梯而兴奋不已，然后告诉我们他们也想滑。如果我们抱起他们并将其放在滑梯顶端，他们可能会很开心地滑下去，或者也可能意识到自己实际上还未做好准备。如果我们仔细观察孩子的反应，就能判断出他们是否害怕。如果孩子害怕，再把他们抱下来。如果孩子感到沮丧，我们可以安慰他们：等他们再长大一点就可以玩滑滑梯了。

没有任何一个孩子愿意听到这样的话："你还太小了，玩不了这个。"但是，如果我们把同样的意思表述成一件让孩子可以期待的事情，比如"等你再长大一点……"，他们就会更容易去接受。

任何因追求成功而产生的压力，甚至是善意的鼓励，比如"你能做到！"对孩子来说都是过分的要求，而且忽略了他们的不安全感。在这种情况下，如果我们想让孩子知道自身的局限，就需要给予他们理解、关注和接纳。

如前所述，孩子在发展新的运动能力时极少需要依赖成人的支持。通过自己的主动尝试，经过不懈的练习并有足够的时间，孩子学会了新的技能，并清楚如何让自己自如又有效地运动。

对于自己身体的能力和局限性，孩子总是试图去了解。但是，任何形式的干预，都会妨碍孩子了解自己身体这一能力的发展。如果孩子在试图运动时没有受到成人的干扰，那么他们受伤、撞到东西、被绊倒或摔倒的可能性就会降低。不建议成人把孩子抱到一个他们还无法自己爬下来的设施上。

培养自信

依靠自己而非成人的帮助来达到自身发展的一个个里程碑，这对于一个孩子的自信建立是至关重要的。如果我们帮助孩子做这些事情，会使他们对成人产生依赖。让孩子去体验靠自己成功完成某件事情的喜悦吧。他们所做的许多尝试一再表明，孩子可以用自己的方式发展新的运动形式。在此过程中，孩子的自信、毅力和耐力都会不断增强，并成为伴随其一生的宝贵财富。

一个健康成长的孩子，尽其可能地想要独立。一旦他们能说这些话了，就会告诉你："让我一个人做！""自己做！"甚至在会用语言表达这类意思之前，他们就已经开始抗拒成人的帮助了。尽管还不会，但他们宁愿自己去尝试。

即使明明会失败，比如尝试迈出第一步时摔倒了，也能最终增强孩子的自信。需要再三强调的是，支持孩子的最好方式就是给予他们时间，让他们自己去尝试。这也避免了对其力量和能力提出过高的要求。

1~2 岁孩子的自由游戏发展

随着游戏在 2 岁阶段的发展，孩子仍然喜欢玩我们在第 4 章

"最初的游戏"一节中描述的那些玩具和材料。即使是同样的玩具，他们的玩法也会改变。现在，他们将以不同的方式处理这些熟悉的物品，其游戏的内容也会相应地拓展和转变。

乐此不疲地把游戏材料取出来再放回去

孩子现在会不知疲倦地投入到某些事情中，例如，把东西从篮子里或碗柜里拿出来，然后再把它们放回去。他们会花上几个小时：来回推椅子和凳子；把东西弄得嘎吱作响；打开再关上所有能够到的抽屉和门；收集物品，把它们堆在一起，进行分类、再分类。他们会反复做这些事情，而且伴随很多的变化。

游戏是偶然发生的

对这个年龄段的孩子而言，游戏最初是偶然发生的。一个孩子无意中碰到一个装有球的碗，球晃动了，然后这个孩子端起碗，球滚了出来。他把球捡回来，把刚才发生的事情又重复做了一次，看看同样的事情会不会发生第二次、第三次……第九次。现在，他把碗扣在球上，球不见了！沿着碗的边缘把碗掀开并不容易，因为它总是往一边滑走。但他一直在努力尝试，直到最后，那个球又出现了！

惊人的毅力

大多数孩子在遇到困难时不会轻易放弃。经过不断试错和多次重复后，他们的动作变得越来越娴熟。与此同时，他们的触觉也变得更加敏锐，更加具有差异化。

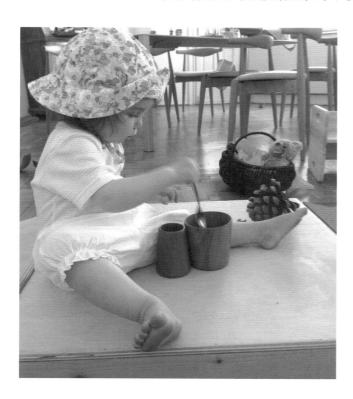

找出匹配的物体

孩子喜欢研究那些相互匹配或能组装在一起的物体。例如，他们喜欢搞清楚哪一个盖子适合盖在瓶子上，或者哪一个盖子适合盖在一个容器上。他们发现只有小碗可以放进大碗里。孩子会一遍又一遍重复这些活动。

推着东西到处走、攀爬、躲藏

　　一旦孩子能够行走自如，就会从不同的角度和全新的意识层面来体验家中的一切。最初，孩子会小心翼翼，后来变得越来越自信，他们在房间里跑来跑去，把东西推来推去，并寻找可以藏身的角落。

　　孩子对行走越自信，就越渴望探索家里的一切。例如，他们会爬到椅子和凳子上，然后突然站起来；在浴室的洗手池里玩牙膏和沐浴乳。

　　他们喜欢任何可以翻过来并钻进去的椅子，以及大的购物袋、洗衣篮，或者任何他们能钻进去的东西。他们还喜欢把东西拖在身后，有时拖着的数量着实惊人；或者把重物从一个地方拖到另一个地方。

　　即便我们并不总能洞悉孩子所做事情的意义，仍然可以为孩子现在能做的事情，以及他们那不知疲倦的热情和专注而倍感欣慰。

为孩子设限：通过重复来学习

　　孩子只能逐渐习惯哪些事情可以做，哪些不可以做。因为孩子只能通过频繁的重复来学习，因此，如果我们从一开始就明白对孩子我们要有足够的耐心，这对我们和孩子都大有裨益。即便告诉孩子 5 遍，他们可能仍不能记得一项限制。我们需要告诉他们 10 遍、20 遍甚至更多遍，直到他们将其内化。我们说得越平和、越清晰，孩子就越容易理解我们的意图。我们越是坚持原则，孩子就能越好地调整自己，也就能越快地了解我们所设的限制。

模仿成人的活动

　　孩子对观察到的成人活动进行模仿变得越来越重要。他们乐于帮成人做所有的家务。

　　但孩子不会局限于使用"正确的"工具来完成任务。任何东西都可以变成一部电话；他们用软毛刷梳头发；穿任何能触手可及的衣物，尤其是成人的鞋子，他们觉得非常有趣。

布娃娃是人类的象征

出生后第二年，男孩和女孩会用同样的方式玩布娃娃。[6] 但是最初，孩子并不会像成人想象的那样去玩。此时，对于孩子来说，重要的是无论他们在做什么，布娃娃都会陪伴在他们身边。有时，他们似乎根本不需要这个布娃娃，但此时它已经成为孩子的一个重要伙伴；而且对于某些孩子来说，布娃娃将会是他们多年的伙伴。

大约 2 岁时，孩子会开始给布娃娃喂饭、洗澡，尤其是把它放在床上睡觉。他们会小心翼翼地给布娃娃盖上被子，如同他们被成人照护的经历一样。当孩子有机会看到小婴儿是如何被照护的时候，这种游戏就会更频繁地出现。

为逻辑思维奠定基础

成人通常认为孩子在玩游戏时是按计划进行的，或者在说话时会进行逻辑思考。然而，成人的这些假设对于孩子来说都为时

尚早。孩子在这个年龄段所做的每一件事情，其实都是在为之后的计划、想象和逻辑思维奠定基础。目前，他们还在逐渐了解他们生活的这个"世界"的规则，尽可能多地收集这些信息，就是想自己搞清楚这些规则。

过去他们用手去抓住东西，现在变成要用心去理解。通过这种无止境的探索，他们逐渐理解了许多不同的物体及其运作的方式。对于孩子来说，旅程的意义不在于到达目的地，而在于沿途的风景。这正是我们成人需要向孩子学习的人生哲学。

适合 1~2 岁孩子的游戏材料

和 1 岁前一样，1~2 岁的孩子仍然喜欢玩各种各样的厨房用品和家居用品，比如金属勺子，木制勺子，大小不等的木制碗、塑料碗或金属碗，带盖的罐子，滤茶器，滤

水器，布料，簸箕，刷子，洗碗刷，
茶巾和篮子，等等。

外出散步时，我们可以收集各
种适合孩子游戏和探索的东西：马
栗、松果、木块和树皮、羽毛、空
蜗牛壳、树叶、花；当我们去海滩
时，可以收集一些不易破损的贝
壳。

我们还可以在跳蚤市场、旧货
店以及旧货甩卖市场找到适合孩子玩的游戏材料。例如，带盖的
金属锅、罐子、咖啡研磨机、喷水壶、带门的小木柜，以及可以
存取东西的抽屉。

重要的是要仔细检查这些物品，确保它们没有尖锐的棱角或
边沿，以及可能被孩子吞咽的小零件或碎片。例如，只有当孩子
不再不管什么东西都往嘴里放时，羊毛制品才可成为适合他们的
游戏材料。

1~2 岁孩子户外游戏的绝妙主意

沙子

没有什么东西比沙子更可爱了，
它无处不在。

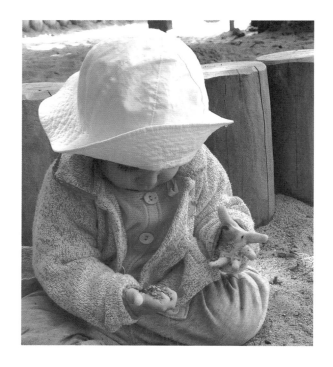

以无与伦比的形态，

从你的手中轻轻滑落。[7]

　　沙子是用途最广的游戏材料之一。如果我们成人克制自己的冲动，不向孩子展示"应该"如何使用传统的玩沙工具，孩子就会想出各种各样的玩沙方法。在向孩子介绍玩沙工具前，应该先让孩子有机会用他们的小手和身体去探索沙子。我们也可以尝试一下，当沙子滑过我们的手，从指缝中流过时，是种什么感觉？

　　孩子的双手就是一把随时可用的"铲子"。当孩子用手拍打或用手指滑过沙子时，他们的动作在沙子上留下的印记清晰可见。不同于坚实的土地，沙子会在孩子的手、膝盖和脚的重压下凹陷下去。孩子还可以用木棍在沙子里打洞。他们找到的任何石头和树叶都可以被埋入沙子里，然后再把它们挖出来。

水

　　孩子最喜欢玩的莫过于大大小小的水坑了。他们穿着雨靴或赤着脚，蹚进水坑，溅起水花，真是其乐无穷。孩子们用水桶、喷壶和他们的双手，可以一直在水坑里玩啊玩，直到水坑里的水全都玩没了。即使没有其他水坑可玩，一个盛满水的碗或盆也很有趣，也能让孩子玩得不亦乐乎。

沙子和水的组合

只要有沙子和水，大多数孩子都会把它们混合在一起，不管不顾地疯玩。他们喜欢把沙水混合成沙泥，然后"涂抹"在手上、腿上以及任何触手可及的地方。可是有的孩子更喜欢干净，会赶紧把溅到身上的任何脏东西清洗掉。这是孩子性格的一部分，应该受到尊重。这些孩子也喜欢玩水和沙子，只不过他们会比其他孩子更小心谨慎而已。

碗、小桶、漏斗和喷壶可以为孩子提供更多的机会去玩、探索沙子和水。

适合户外游戏的其他材料

下列物品适合 1~2 岁的孩子在户外游戏时使用：

✦ 孩子在大自然中发现的每一样东西都可以成为玩具。

✦ 带提手的小桶或篮子可用来盛放收集到的游戏材料。

✦ 儿童扫帚和小耙子。

✦ 金属的儿童手推车。

✦ 可供孩子爬上爬下、悬挂得很低的秋千。当我们让孩子自己解决问题时，他们能学会如何自己荡秋千。最初，孩子通常会俯趴在秋千上，用脚推着向前移动。直到有一天，他们会发现必须抬起双脚才能把秋千荡起来。

✦ 像秋千一样悬挂得很低的吊床，孩子可以自己爬进去。孩子在布做的吊床上比在网状的吊床上更有安全感，网状的吊床很容易卡住孩子的脚。

也许孩子还没有准备好使用某些游戏材料，比如小推车或吊床。如果他们还没有准备好，或者对这些材料不甚感兴趣，就留着以备日后使用。[8, 9]

如何为孩子提供游戏材料

在给孩子玩具时，成人往往会直接把玩具放在孩子手中，并且可能的话，还会示范一下如何操作。但是，成人的这种行为抑制了孩子自己发现事物如何运作的本能。相反，我们可以把一个新物品放在孩子能看到的地方，等待孩子自己发现如何去摆弄和操作，可能他们发现的玩法，完全超出我们的预期，令我们喜出望外。

孩子玩游戏的方法没有对错之分。如果不去打扰他们，任凭孩子自由摆布游戏材料，他们会发现周围的玩具和物品有着无穷无尽的玩法和用途。在游戏中，成人越放手，而且越早放手，让孩子自己主动去玩，他们就越容易在游戏中表现得独立且专注。

如何帮助孩子专注于游戏

当孩子知道在哪里可以找到成人时，他们会感到踏实。如果成人不得不离开房间，要预先告诉孩子，他们也会更安心。否则，孩子会惴惴不安，心里嘀咕着成人去哪儿了，因此也就难以继续专注于游戏。

如果你能带着孩子一起先做一些事情，那么你的日常工作受到的干扰就会减少。任何孩子可以帮忙的事情都可以，比如，你可以和孩子一起清空洗碗机、"叠"衣服或整理生活用品。孩子很容易在游戏中模仿这些任务，为其以后的自主行为构建实用的过渡阶段。

例如，如果你必须用电脑工作或阅读，对于孩子来说，这可能是一件困难的事情，因为他无法模仿这类活动。在你没有找到可以一起做的事情之前，孩子不仅不愿离开，而且还会试图伸手去按电脑键盘。不可避免的是，你和孩子都会无奈且恼火。（更多关于孩子游戏中专注力的讨论详见第 6 章的 "2~3 岁孩子的游戏发展"。）

有时，孩子无法找到玩游戏的方法还有更深层次的原因。亨宁·科勒在其著作《与焦虑、紧张、抑郁的孩子共处》[10]中讨论了可能导致这种情况的各种原因。他还提出了帮助父母支持孩子游戏的切实可行的步骤。

孩子需要的刺激量和种类

如果孩子在玩具中没有找到想玩的，成人可能会认为他们需要更多的刺激或多样化的玩具。这也许是事实，但可能还有其他原因导致他们难以进入游戏状态。有时，成人可以通过整理周围的玩具或重新排列一下各类物品来帮助孩子发现游戏的兴趣。简单地把他们的一些玩具以不同的方式重新组合，就能有效地刺激孩子重新开始游戏。

如果孩子对这些改变还不满意，也许他们确实需要一两件新玩具了。然而，也有可能是他们想更多地参与成人的生活。孩子可以通过各种各样的方式，参与几乎所有的家务和庭园活动。

孩子的不满可能是在寻求成人的关注。在这种情况下，只要你花一些时间陪伴他，全心全意地关注他，就能让孩子确信你始终在他身旁。然后，你和他便可回到各自的工作和游戏中去了。

虽然成人的全心关注可以帮助孩子重返游戏，但持续的关注会导致孩子期望成人时时刻刻的陪伴。孩子的天性是在游戏中尽可能地保持自主。但如果他们习惯了成人总是待在身边，给他们建议或者陪他们一起玩，他们将需要更长的时间来重新适应独立游戏。

　　把主导权交还给孩子，让他们来决定想玩什么以及如何玩，这样有助于他们从关注成人的存在，转移到关注他们的独立游戏上。成人将会惊叹于孩子在独立游戏中想出的所有事情。

　　更进一步的做法是，当成人看到孩子正全神贯注于游戏时，我们可以慢慢地退到一边，试着让孩子游戏时越来越不需要我们。在这个过程中，成人的态度很重要。这并不意味着成人可以趁孩子不注意悄悄地溜出房间，相反，成人可以回到自己的活动中去，因为那是我们需要做的事情。这两者之间的区别可能很微妙，但却很重要。

社会行为：学会分享

　　小孩子把无限的信任带进了这个世界，但社会行为却是一项必须习得的技能。

我们所谓的社会技能是什么

　　我们所说的社会技能是指：

+ 承认他人的尊严；
+ 关注他人的需求并认真对待；
+ 为他人着想：我们能够延迟满足自己的愿望，甚至在情况需要时放弃自己的愿望；
+ 必要时明智而勇敢地进行干预。

和其他类型的行为一样，社会行为也是通过榜样和模仿发展起来的。如果我们想让我们的孩子为他人着想，就必须让他们能体验到周围人的体贴和关心。如果我们从一开始就以关爱的、富有同理心的、欣赏的态度对待他们，他们就会强烈地感受到这一点。

自我中心或自利行为

认可他人需求和理解他人观点的能力是从 5 岁左右开始逐渐发展起来的。在此之前，孩子会觉得自己就是世界的中心。他们像磁铁一样捕捉周围发生的一切。这就是他们了解丰富多彩生活的方式。在孩子们的早年时光中，自我中心或自利行为仍然是他们成长过程中的一部分。因此，从长远发展来看，强制要求孩子表现出社交行为、懂得分享、把东西给别人，其效果往往适得其反，因为这会干扰孩子自然的社会性发展。

小孩子在方方面面，尤其在奉献、同理心、尊重和关爱方面汲取和得到的越多，则日后他们能给予和付出的也就越多。然而，孩子表达这种汲取的欲望首先反映在物质层面：他们想要最大的那块蛋糕；一块完整的饼干；别的小朋友的铲子；等等。在这个年龄阶段，这些行为绝不是反社会行为。只会考虑自己的需求是小孩子成长过程中的一部分，让他们考虑别人的感受还为时过早。

如果期望孩子过早地表现出社会行为，这不仅会让他们缺乏安全感，还会让他们觉得自己错过了什么。如果在孩子的发展还没有准备好之前，成人硬要他们学习社交，给他们造成的就是一种根深蒂固的被剥夺感。这种深植内心的被剥夺感，会让孩子在以后更难表现出分享行为，更难获得恰当的社会技能。

理解了孩子的社会性这一特殊发展阶段，并不意味着我们应该让孩子从别人那里得到他们想要的一切。如果你的孩子伸手去拿另一个女孩的水桶，你可以走过去，尽可能平静地对他说："那是她的水桶。问问她你能不能玩一会儿。也许你可以把你的水桶给她玩。"这个女孩要么同意，要么拒绝。如果她拒绝了，你的孩子可能会抗议，也可能会失望得哭泣。

孩子有时会非常固执地坚持自己内心的愿望。当他得不到自己想要的东西时，会变得非常沮丧。告诉孩子，你理解他的愿望和哭的原因。即使他会哭上一阵子，你的理解和善意的话语，诸如"也许下次可以"，也能够起到安慰作用。

对成人来说，忍受孩子的哭泣并不容易。我们很自然地想转移孩子的注意力，或者做出一些承诺，让他们感觉好一些。然而，这并不是孩子学习解决冲突的方式，他们不可能拥有一切。如果成人满足了孩子所有的愿望，让他们满足于当前所拥有的会越发变得困难。

玩具之争

争抢玩具大多发生在 1~2 岁这一阶段。这是因为在这一年龄段，一个孩子想要的恰恰是另一个孩子正在玩的东西。即使另一个完全相同的东西可能就在旁边，但当下两个孩子都只对那个正在玩的感兴趣。

幸运的是，这段时间终会过去。当孩子 2 岁之后，想象力一旦觉醒，就不再执着于某个特定的东西了。因为在孩子看来，每一块石头都可以是一块闪闪发光的宝石，每一根木棍都可以当作一支笔、一把勺子或一支笛子。

乐于分享

对于孩子来说，把他们的东西给别人不管是容易还是困难，都是其个人性格特点的一部分。在这一年龄段，无论他们是否愿意分享，都不应该被判定为一种亲社会行为或反社会行为。"不分享"是该年龄段的一种适宜的发展行为。对于一个小孩子来说，抓紧自己的东西不放手并拒绝分享，是学会如何维护自己的一种有效方法。也有一些孩子给我们留下了深刻的印象，他们倒是很乐意把自己的东西分给别人。他们这样做是其性格使然，并非取决于年龄。

作为父母，如果我们能体验到与他人分享的快乐，那就大可放心，通过模仿的力量，当孩子达到适当的发展阶段时，也会表现出同样的分享行为。

如何应对孩子日益增强的意志

意志的力量，任何时候都不曾像生命的最初几年那样表现得

如此原始和强烈。我们可以观察到孩子做出的不懈努力。比如，他们趴着，试图抬起头，然后抬起上半身，一次又一次地尝试再尝试，直到最终成功。再比如，我们看到一个蹒跚学步的孩子，第一次尝试自己爬楼梯时那种不懈努力的情景。

孩子不会气馁

孩子在学习爬、坐、站和走的过程中，要忍受无数次的所谓的"失败"。通过不断尝试、失败和再尝试，他们还习得了所有其他的能力，例如说话、自己吃饭、穿衣。他们以同样的方式，执着地探索着自己所能接触到的一切物体的特征和功能。

有时，他们会以惊人的速度，完成我们认为他们无法企及的事情。而且，他们不会轻易让自己从当前感兴趣的事情上分心。在睡着之前，他们的探索和活力几乎是无穷无尽的。

 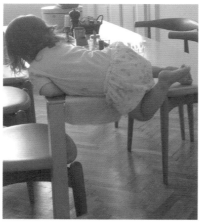 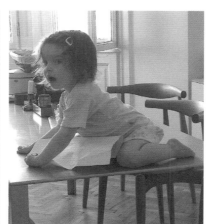

重复可以增强意志力

孩子需要并寻求重复。这就是为什么他们常说："再来！再来一次！"只要他们感到舒适和自在，他们就会不断检验和重复一切新鲜事物。

如果孩子的重复机会有限，他们的意志力就会相应变弱，就像很少被用的肌肉一样。因为他们的意识变化是如此之快，所以孩子在每一个新的发展阶段都会发现新的事物。随着孩子的成长和发展，他们会发现熟悉事物的新方面，以及使用它们的新方法。

孩子不听我们的话

孩子越小，就越排斥外来的干预，生活在自己的意志里。他们坚持按自己的意愿和方式行事，这着实考验我们的耐心。

例如，一个 2 岁的女孩外出散步，可她不想戴帽子。父亲又给了她一顶，让她在两顶帽子之间做选择，但她都拒绝了。于是，她的父亲冷静下来，缓了缓，给她时间来决定到底要不要戴帽子。通常，这些小小的停顿，足以让她接受别人对她的要求。如果停顿没有达到预期目的，父亲就会再次拿着两顶帽子问她："你现在想好了吗？"因为她仍然坚持说"不"，父亲平静且坚定地说："那么到门口我会给你戴上帽子。"走到门口所需的时间，通常可以让孩子逐渐淡化甚至完全忘了先前对戴帽子的那种不情愿。

能带来理想结果的并不是讲一堆大道理试图说服孩子，而是成人内心的清晰和坚定。给孩子足够的时间，并重复递帽子这一举动，使孩子有可能接受自己必需戴帽子。成人的焦躁和强迫只会使局面更加僵持不下。

当孩子意识到我们有很好的理由要求他们做某件事时，他们就不会一直抗拒。只有在感到被忽视和被误解时，他们才会强烈地与我们作对。

然而，如果成人自己犯嘀咕，不确定孩子是否会遵从自己的要求，则成人的这种内在目标和果敢的不足会被孩子敏锐地捕捉到。然后，孩子就会愈加表现出挑战成人的行为，直到成人发现原来问题出在自己身上，自己的沟通和行动应该清晰且坚定才是。

至关重要的是，要让孩子感到自己得到了认真的对待，是被当作一个有价值的人来对待的。我们希望别人如何对待我们，就用同样的方式去对待孩子，这样，孩子就更容易遵从我们的要求。

我们赶时间的时候应该怎样做

无论出于何种原因，在我们着急或赶时间的情况下，几乎总是会发现孩子在竭尽全力地抗拒我们。当孩子的自我意志被"压制"时，他们就会变得不情愿。他们想从情感上理解那一刻我们对他们的要求是什么，但对孩子来说，要达到这种理解还需假以时日。

我们都经历过被"压制"的情况，知道这种感觉不好。我们免不了都会有必须带着孩子一起出门的时候，届时，我们需提前计划好，尽可能多地给孩子留出时间来结束他们正在玩的游戏，然后平静地穿戴好再出发。

在大多数情况下，当我们给孩子留出足够的时间进行这些过渡时，孩子会发现他们能更容易、更快地中断正在进行的游戏，

并按照我们的要求加快速度。然而，只有在类似情况不太经常发生时，这种方法才有效。

设定限制

一致性的重要性

孩子健康的自我意识和自信，源于他们与父母之间良好的亲子关系。一旦良好的亲子关系得以建立，孩子就能享受独自探索周围环境的乐趣。在探索的过程中，他们会发现碗柜总是硬的，毯子总是软的，撞到桌子的棱角会感到疼。

一个孩子，正如他需要了解其所处的物理环境一样，他也需要了解社会规范，了解家人和照护者的期望。了解照护者的反应是这项任务的一部分。如果桌子总是硬的，则有助于孩子理解这个世界；同样，如果父母对孩子做了不希望他做的事情时的反应始终如一，也有助于孩子理解这个世界。当一个孩子伸手拿打火机时，父亲总是说："不行，请放下它。"他无须厉声呵斥或威吓，只要足够坚定，让孩子知道不管他怎么抗议，都不会改变"不行"这个事实。

如果一个孩子想打开冰箱，母亲每次都会告诉他："请把门关上。"他的这种尝试行为可以得到理解："是的，我知道打开冰箱是很诱人的。当我需要从冰箱里拿东西时，我会叫你来帮忙的。"

一旦孩子明白他可以信赖母亲，并且母亲真的允许他下次打开冰箱门，他会更容易接受"保持冰箱门关闭"这一规则。

规则明确和限制清晰的重要性

正如一个孩子试图穿过一扇玻璃门却发现那不可行，随后就不会再尝试一样，他最终也会停止试图打破我们明确传达的规则。规则在人类社会生活中是不可或缺的，它们给孩子带来的限制几乎总是让他们感到不方便。因此，我们越平静、越友好地表达我们的要求，孩子就越容易接受这些规则。但是，如果孩子听到的是我们的指责："我已经告诉过你一百遍了！"他们捕捉到的会是我们的情绪而非要求，因此，孩子吸收和关注的就不是我们的要求，反倒是我们的烦恼。

作为成人，当他人以友好而非不耐烦的方式对我们提要求时，我们就更容易接受，孩子也是如此。我们在为孩子设定限制时要考虑周全，这一点非常重要。如果希望孩子遵守我们设定的规则，我们自己必须先做到。例如，我们定的规则是两餐之间不能吃零食，如果我们自己不停地吃零食，那么这个规则对于孩子来说就是无效的。

再举一个例子。今天，一个男孩根本不想穿拖鞋，但光脚走在瓷砖铺的地面上又太凉了。你可以说："太可惜了，现在你不能到厨房里去了，因为那里的瓷砖地面太凉了。我把你的拖鞋放在厨房门口，如果你想和我一起进去，可以先穿上拖鞋。"

几分钟后，孩子站在厨房里，拖鞋只穿上一半，想让你帮他穿好拖鞋。给孩子留出时间，往往他一想到自己感兴趣的那些事情，通常会放弃当下的抗拒。他迟早会接受成人的要求。

让规则成为习惯

当孩子反复经历成人对某件事做出的相同反应时，规则就变成了习惯。孩子会逐渐提前知道父母对某种行为的反应，以及这种行为会产生怎样的后果，就像前面提到的拖鞋的例子。如果成人对事情的反应以及事情的结果保持不变，孩子就没有那么多的理由去试探这项规则是否可以被打破。

然而，如果有特殊情况发生，偶尔需要改变规则时，最好提前告诉孩子今天是个例外。只要这种情况不经常发生，不至于让孩子对规则失去信心，那么，偶尔的例外实际上能够产生积极的效果。当规则未被严格执行时，孩子会感觉这些小小的放纵，简直就像一份意外的礼物。

下面是一个规则"例外"而产生积极效果的例子。一个小女孩想要一个巧克力蛋糕作为她的生日礼物。然而，由于父母定的规则是她不可以经常吃甜食，因此她并不期待这个愿望真能实现。在她生日那天的早上，母亲送给她一个惊喜：一个巧克力蛋糕！小女孩非常喜欢这份特殊的生日礼物，但是她心里明白，这是规则之外的一个特殊待遇，并非规则的改变。

设定限制和惩罚的区别

设定限制还是进行惩罚，两者的区别就在于成人的态度和动机。

设定限制

在穿拖鞋的例子中，孩子的母亲认为地面太凉，不能赤脚，她不希望孩子着凉。母亲设定这个限制的目的是保护她的孩子。这种动机让她能够坚定而友善地执行这一规则。

进行惩罚

如果父母对孩子说，"现在不许你进厨房，这是对你没穿拖鞋的惩罚"，或者"你再不能吃冰淇淋了"，这些都是惩罚的例子。

父母的这些反应可能会让孩子感到担心或不安。反过来，孩子的回应或许是，他也想获得掌控感，也想拥有权力。父母自身无意识的童年经历可能也会产生一定影响。不论父母的动机是什么，孩子正在吸收的是父母的全部情绪，这使得他很难遵从父母的要求。

因为孩子也会模仿父母的惩罚行为，他们很快就会对父母做同样的事情。孩子能非常清晰地观察到成人的生活中发生了什么。即使孩子长期固执地拒绝成人的要求，但仍然能感受到成人对他们的约束，以及成人惩罚他们的动机。

我们应该很容易理解上述这两种态度中的哪一种能让孩子放弃抗拒，而不至于让他们觉得受到了不公平的对待。

第 **6** 章

2~3 岁的孩子

2~3 岁孩子的游戏发展

孩子模仿你做的每一件事情

孩子已经花了很多的时间，研究和探索周围的客体，现在他们对这些客体及其特征已经非常了解了。在 2~3 岁，模仿周围人所做的事情逐渐成为孩子游戏的重点。

例如，一个孩子会像她观察到的成人那样，在碗里或轻或重地搅拌想象中的蛋糕面糊。她有目的地把椅子推到水槽边，爬上椅子，打开水龙头，用一块布擦拭水槽，再拿起湿布，观察水如何从湿布上流出，然后再慢慢滴下来。她也许在非常专心地洗一些东西，即使没有把它们完全洗干净。她还想扫地、吸尘，展开

你刚拧过水的那块布，把它放回原处。她用一块布擦拭橱柜门以及所有够得着的物体表面。

然而，孩子们做这些并不是为了保持这些东西干净整洁，也并非想去追求任何类似的目标，他们只是想用自己的方式，模仿成人做过的事情，并把它们变成自己的经验。允许孩子观察大人做事情，帮助大人做家务，这些活动参与的越多，他们在这些活动以及游戏中重复同样活动时就越有成就感。

从帮忙到游戏的转变

有时，孩子会主动帮我们做一件事情，持续的时间长得惊人。比如，他会把晾衣夹一个一个地递给你，直到你把所有洗好的衣服都挂到晾衣架上。可下一次，他会用这些晾衣夹玩一个完全不同的游戏。突然间，他拿着那些晾衣夹，不再递给你，甚至一个都不给，而是把它们全部放在地板上，整整齐齐地排成一长排。

他坐在空的购物袋或洗衣篮里，用身体推动自己在厨房里滑行。如果你在篮子下面放一块布，他会兴奋地发现篮子更容易滑动了。

把东西一个一个地收集在一起，再把它们一股脑地放进某个容器里；然后把它们又都倒出来，再堆放在一起。这一直都是这个年龄段的孩子最喜爱的游戏。

过早地制止一些事情

成人倾向于在孩子"做好准备之前"把一些东西从他们身边拿走，或者不让他们使用。成人之所以这样做，是因为他们不相信孩子能恰当地使用这些东西。告诫孩子"注意！"或"小心！"通常会让他们感到不安，甚至可能会导致意外发生。

当然，无论如何，孩子们时不时地总会出一些小状况、小意外。但是，他们也有让自己变得越来越灵巧的冲动，经过练习，假以时日，他们会变得越来越好。孩子们还无法理解为什么他们会因一些小意外而陷入麻烦，而这些小意外就发生在他们试图解决某些问题之时。他们可能会莫名其妙地感到内疚。

2~3 岁孩子的游戏案例

你的女儿刚洗完澡，现在她有时间可以在晚饭前玩一会儿。她拿来布娃娃，把它放在篮子里。"现在我们要洗澡了，"她一边说，一边拿起一个围兜当作毛巾，给布娃娃洗脸，擦洗后背和肚子。然后，她拿起一条毛巾把布娃娃包裹起来，裹得相当严实，以至于都看不到那个布娃娃了。

刚才被当作"浴缸"的篮子，现在变成了一张"床"。为了盖住她的布娃娃，你女儿又把另一条毛巾盖在娃娃身上，现在连篮子也看不见了。她对自己的工作成果很满意，拿到厨房向你展示："妈妈，看，安娜给布娃娃洗澡了！"

你转过身来，对她说："你把它包裹得非常暖和。它可能已经睡着了吧？"

"是的，"你女儿回答说。

当你从橱柜里拿出盘子准备吃饭时，女儿随手就把篮子放在了地上，过来帮你一起摆餐具。

通过观察这个游戏情境，我们能从中学到些什么？这个女孩既不需要布娃娃专用的浴缸，也不需要布娃娃专用的床。除了布娃娃，篮子、围兜和毛巾等日常生活用品都是她专心玩游戏时需要的材料。只要有这些简单的材料，孩子们就不必依赖预制的玩具了。他们不需要一个缩小版的成人世界。

如果一个孩子有太多的玩具，他就不得不首先从一堆玩具中，把那些能实现其此刻想法的玩具一一找出来。对于这一年龄段的孩子来说，这样的要求太过苛刻了。因为他们还不能按照计划进行游戏，过多的游戏材料很容易使他们分心，让他们无法专注于正在做的事情。较少数量的玩具以及多用途的材料，例如前面提到的围兜、毛巾和篮子，能够让孩子更专注于他们当下的游戏之中。

孩子独自玩耍一段时间后，想要靠近我们并获得我们的关注。这一年龄的孩子，其活动通常仍是不稳定的，他们会很快从一项活动转移到另一项活动，就像前面案例中的女孩一样，从她看到母亲准备晚餐的那一刻起，就几乎忘记了那个布娃娃的存在。

另一个不同的游戏案例

你 3 岁的儿子拿来洗衣篮，坐在里面。这是他的"汽车"，他开着"车"在房间里四处转。在玩具架前停下来，他下了"车"，把所有的东西都装进"车"里，直到把玩具架清空。他满怀热情地把篮子推给你，说："妈妈，看，蒂姆买了很多东西！"

然而，你有一些文书工作必须完成。你正坐在电脑前忙着，没时间去关注你的孩子。他又向你重复了他的要求，喊道："看，我买了很多东西！"你回应他说："等一会儿，蒂姆。"然后又继续敲击键盘。孩子的要求变得更加强烈，直到最后，他走过来把你的手从电脑上移开，伸手去敲键盘。他在键盘上胡乱按了一通，删除了当前文件的一部分内容。你一下子就火了。

孩子开始哭闹，尽管你很不高兴，他还是不离开你身边。你现在别无选择，只能把全部注意力都放到孩子身上，这比你早一点回应他要花更长的时间。即使你现在已经停下手头的工作去看他"购物"，他也不想再玩这个游戏了。

通过观察这个游戏情境，我们能从中学到些什么？当父母面临时间压力时，并不能总是立刻关注到自己的孩子，这一点很容易理解。但我们需要谨记，因为这个年龄段的孩子完全活在当下，他们可能只需要父母几分钟的关注，就可以再次全神贯注地投入到游戏当中。

成人面临这种挑战时要有足够的灵活性，可在适当的时候短暂地中断手头的工作。如此，当孩子需要我们完全的关注时，在那一刻给予他们充分的关注所花的时间会更少。然后，孩子也会感受到被尊重，知道我们在认真地对待他们的需求和愿望。

试图用手机等工具分散孩子的注意，虽然可以带来暂时的平静，但不能满足孩子想和成人沟通、被成人欣赏的真实需求。

与世界建立联系

大约在 2 岁半，一个新的阶段开始了，即孩子对成人正在用的东西特别感兴趣，这些东西孩子以前以自己的方式使用过。这个阶段不会持续太久，但是有几周的时间需要我们格外有耐心。

在这段时间里，孩子通常会不遗余力地想要得到我们正在用的东西，例如一块布、勺子或扫帚。他们可能不会接受另一件东西，即使它们看起来一模一样。

如果我们理解了孩子为什么会有这样的行为，那么我们就会对孩子更有耐心。比如，你正在以一种特殊方式用某个东西做着某件事情，可孩子闹着就是要你手里的这个东西，此时你要明白，他发展中的意识正经历一个非常重要的变化。孩子开始理解特定的物品可以用于特定的目的；他明白了，那些他很熟悉的物品，竟然可以用来完成一项可预测的、有意义的工作。"噢！这种特殊的布或勺子，原来是用来做这个的呀！"这正是他想要知道的。

孩子不是通过"讲解"来学习各种物品在实际生活中的用途的，而是通过"动手摆弄"而习得。他们现在也更有意识地察觉到，所有东西都有一个合理的存放位置：餐具存放在橱柜抽屉里；

牙膏存放在盥洗室里；黄油存放在冰箱里；食物存放在食品柜里。

此外，与其年龄相适宜的是，孩子现在也想尝试去实践一下他们所有的新知识，即关于物品的用途和归属的知识。比如，孩子会把遗忘在客厅里的鞋子放回鞋架上，把你挂在凳子靠背上的夹克放进衣柜里。

作为成人，你发现自己很难保持家中整洁，你会羡慕正处于这一发展阶段的孩子。这种新知识促进了孩子的自信，建立了他们对这个世界的理解和定位。

适合 2~3 岁孩子的游戏材料

激发创造力的游戏材料

只要有孩子的地方，就不乏堆积如山的玩具。这取决于父母在众多的可能性中决定给孩子提供什么样的玩具。

在此，我们只是建议成人为孩子提供能够支持其创造力的游戏材料。因为孩子的想象力会在接近 3 岁时觉醒，所以重要的一点是，为孩子提供有更多可能性的游戏材料，即开放式的玩具，孩子可以运用想象力，将开放式玩具当作许多不同的东西。鼓励孩子参与游戏的不是玩具的数量，而是每件玩具的广泛用途。

创造力为何如此重要

当孩子被允许自由地、创造性地玩耍时，他们的自信就会获得发展。正是他们的玩耍和游戏，为他们带来了充实和满足。其实，孩子并不需要精心设计的玩具，也不需要专门为游戏制定的规则，他们可以自由地创造出他们自己玩耍所需要的东西。

例如，玩具车只可能是一辆车。但是，一块木头可以当作一辆车，也可以当作一台电熨斗、一个茶杯、一部手机或其他任何东西。

我们甚至可以考虑安排"没有玩具的一天"。最近，一些幼儿园开始实行"无玩具日"制度，并已被证实这样做有利于幼儿的全面发展。一种没有玩具的环境，可以鼓励孩子发展创造力和交流能力。[1]

男孩和女孩需要不同的玩具吗

我们不建议给男孩和女孩提供不同的玩具。在这个年龄段，孩子通过模仿他们在日常生活中的经历来玩游戏，男孩和女孩皆是如此，没有什么区别。若能从一开始就不因性别而为孩子的兴趣设限，他们就可以自由地尝试自己感兴趣的所有事情，积累更

丰富的经验，从而发展出更广泛的知识和能力。

孩子首先就是孩子，而不是男孩或女孩。每个孩子都是普世的孩子，而不是特殊化了的，是不受限制的，也不是由性别决定只对某些事物感兴趣。

布娃娃：孩子的重要伙伴

一个孩子，只有通过不断与他人互动，才能逐渐成为一个人。对于孩子来说，布娃娃象征着人类，就像毛绒兔子象征着真实的兔子一样。当孩子和布娃娃玩耍时，他们会以自己被照顾的方式，或者看到别人被照顾的方式，去照顾那个布娃娃。对一些孩子来说，布娃娃会成为陪伴他们多年的重要伙伴。[2]

为孩子提供材料去创造他们自己的世界

无论他们想创造什么——布娃娃、婴儿车或者浴缸，像布料、绳子、毛线、木质盘子、木棍和篮子等简单的材料，都为孩子提供了创造他们自己世界的机会。下面是一些可以鼓励孩子参与游戏的简单材料。

✤ 不同尺寸的各种颜色的丝织品和棉布，最大可
达 95 平方厘米。

✤ 无纺羊毛和柔美的毛线，可在工艺品商店、纱
线商店或网上买到。

✤ 粗绳或细绳，适用于拖拽装满东西的篮子或凳
子这类物品，也可以用来把物品捆绑在一起，
或被用作假装的狗绳、皮带、晒衣绳、消防水
管或花园水管等。各种各样的绳子可以在五金
店买到。绳子的末端要打结，以免散开，也可
以用纱线编织成物美价廉的绳子。[3]

无论是购买还是自制，均可参考如下规格：

❖ 3 根约 20 厘米长的绳子；

❖ 6 根约 50~60 厘米长的绳子；

❖ 2 根约 1 米长的绳子。

✤ 你可以从大自然中收集游戏材料。下列游戏材
料适合 2~3 岁的孩子：

❖ 马栗

❖ 松果

❖ 不易破碎的贝壳

❖ 羽毛

❖ 还有更多……

丝质的游戏布料

棉质的游戏布料

未纺过的羊毛、柔美的毛线和
各种绳子

简单的游戏材料

用以抓住孩子想象力的材料

简单的材料

✤ 2.5~5 厘米粗的竹竿，可以在园艺商店或五金店的花园区买到。店铺还可以将它们裁成你需要的长度，并用锉刀或砂纸将锋利的边棱磨平。

✤ 木质的盘子、小尺寸的盘子，可以在工艺品店、一些园艺部门或商店买到。

✤ 未喷漆的木块，分叉或没有分叉的树枝。

✤ 用砂纸打磨光滑的小木棍。

✤ 不同材质和不同尺寸的碗。

✤ 木质的勺子。

✤ 亚麻或毛毡材质的餐具垫。

✤ 不同形状和大小的篮子，有提手的和没有提手的。这些篮子既可以用于游戏，也可以用于存放游戏材料。

✤ 一个更大的篮子，比如洗衣篮。孩子或布娃娃可以"坐在里面"在家里到处转。

✤ 用于室内或室外进餐的小地毯。

✤ 小毯子和垫子，孩子可以将它们当作床。

✤ 一大块布，比如床单或桌布，孩子可以用来遮盖搭建的房子。

✤ 篮子或小提箱，里面装有旧衣服。孩子尤其喜欢各种各样的帽子、手提包、围巾、拖鞋以及任何你不再穿的衣服。[4]

益智类的游戏材料对孩子有何作用

　　许多所谓的益智玩具只能以某种"正确"的方式使用，其本身就不是开放式的。这些玩具包括让孩子根据大小或形状进行排序、拼图、可匹配的木制或纸板几何形状，等等。

　　想自由地、积极地参与游戏的孩子在面对益智类玩具时，往往会觉得受到了限制，从这类游戏中得不到充实。他们更喜欢寻找自己独特的方式去使用物品。下图展示了一个孩子试图将一块木制拼图穿过凳子的缝隙，而不是"正确地"把它们拼在一起。

　　把东西按顺序组装在一起，是孩子们在日常生活中自然而然学会的，并不需要通过益智玩具来学习这些。他们很早就知道了

哪个盖子适合盖在哪个锅上，如何把甜点勺和茶匙放进餐具抽屉里，诸如此类。

有些益智玩具可能对治疗性的教学具有一定效果，但正处于发展中的孩子希望能够发现自己使用物品的方式，而不是受限于只能用"正确的"方式使用它们。

案例：记忆力游戏

孩子的叔叔来家中做客，给孩子带来了一件礼物。孩子兴奋地想知道礼物是什么，他拆开包装，发现是一款记忆力游戏。他想看看卡片上的图案，但叔叔却从他手中要去卡片，并向他详细地讲解如何玩。如果想"正确"地玩这款游戏，只有一套规则。叔叔很高兴，因为他好不容易找到机会可以教孩子一些东西了。

然而，孩子却不听这一套。当叔叔把卡片放在桌子上开始玩第一轮游戏时，孩子抓起整套卡片，跑进父母的卧室并关上门。

因为孩子认为在这里没有人能找到他，所以他开始仔细查看每一张卡片。他每看完一张卡片，就把它放下，直到他身边铺满了卡片。他没有注意到姐姐偶尔会进来看看他，因为父母想知道他在做什么。姐姐出来对大家说，他正在搭建一座塔，铺设一条长长的路，然后制作出各种各样的图案。后来，他开始把相匹配的卡片摆放在一起，一张都没有漏掉。他出来向父亲展示说："看，每种图案都有两张。"然后他又回去，继续铺设道路和十字路口，路边的卡片代表房子。

对叔叔来说，这套卡片只有一种合理的玩法。如果孩子一开始就按照说明，"正确地"和叔叔玩这套卡片，他还会发现这么多的可能玩法吗？

话虽如此，有些孩子还是会遵从成人制定的规则和提出的要求，并让自己逐渐去适应。随着时间的推移，他们往往会发现，越来越难以有自己的想法，也越来越难以自主地游戏和玩耍。

2~3 岁孩子户外游戏的绝妙主意

2~3 岁时，孩子会喜欢使用许多他们在 1~2 岁户外游戏时玩过的物品（更多讨论详见第 5 章的 "1~2 岁孩子户外游戏的绝妙主意"）。

不过，他们现在是用不同的方式在摆弄这些物品。他们会在沙滩上挖更深的洞，建造更高的沙丘；他们在桶里装满沙子，用筛子筛沙子，然后用它们来"做饭"；他们会用手或水桶在沙子上留下印迹，然后再把它们擦掉或用脚踏平，开始新的活动。如果成人把弹珠或贝壳埋进沙子里，孩子会很喜欢这个游戏，这样，他们就能时不时地发现埋藏在沙子里的"宝藏"。

如果孩子喜欢给花园里或阳台上的植物浇水，他们会更喜欢用一个小的成人喷壶，而不是只能装一点点水的玩具喷壶。他们也喜欢在身后拖着较重的东西，比如一辆可以爬进爬出的儿童四轮车。拉着这辆四轮车，与向前推着某个东西，比如手推车，会有不同的体验。

这个年龄段的孩子喜欢揪植物上的叶子和花。为了防止孩子把所有植物上的叶子和花朵都揪下来，成人可以给他们指定一棵可以揪叶子的灌木。他们可以用自己采摘的树叶和拔的草做一份"沙拉"。如果有水的话，他们还可以做一碗"汤"。

孩子还喜欢寻找掉落下来的枝条，把它们当作刀来切"沙拉"，或者当作勺子来搅拌"汤"。这样，孩子不仅可以在大自然中玩耍，而且还可以与大自然一起游戏。

如何帮助孩子全神贯注地投入游戏

孩子独自玩耍一段时间后，通常会再次需要我们的陪伴。无论我们正在做什么，他们可能都想过来帮忙，或者只是想得到我们的一点关注。为了让孩子再次全神贯注地投入自己的游戏，我们可以帮他们把散落在周围的游戏材料收拾好。仅仅把所有东西都整理好，就足以激励孩子重新投入游戏。

如果帮孩子收拾玩具这一招不奏效，我们还可以尝试其他方法。有时孩子会告诉我们，他们不知道玩什么，让我们给个主意。不要只给出口头建议，要试着给孩子一些实际的鼓励，可以创设一种游戏情景，让他们参与进来。比如，准备一个放有木勺的锅，让布娃娃坐在旁边，就像它在等待吃饭一样。如果孩子对此有回应，可以告诉他们，我们也想吃一些他们做的饭，过后，我们就可以回来继续我们的工作。或者，我们在两个凳子之间系一根细绳，在上面挂一条小毛巾；然后，建议孩子在上面挂更多"刚洗过的

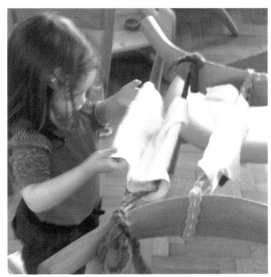

东西", 比如他们在游戏中用到的各种布。

　　我们会发现想出有创意的游戏点子并不难。只需花三五分钟
的时间, 便足以让孩子进入游戏状态。然而, 如果我们心不在焉,
一心想着其他事情, 这样是行不通的。只有我们认真对待孩子的
游戏, 他们才会认真对待自己的游戏。如果我们把注意力完全集
中在孩子身上, 他们更有可能觉得已经从我们
这里得到了足够的关注。当他们再次进入游戏
时, 我们就会知道, 孩子已经从我们这里得到
了所需的情感和关注, 然后, 我们就可以重新
回到自己的工作中而不被打扰。

　　如果我们找到了一个丢失了一段时间的玩

具，或者发现了诸如空蜗牛壳或马栗这样的宝藏东西，不要马上把它们交给孩子，可以先保存起来，等到孩子不知道该玩什么的时候再拿给他们。

孩子为何不能投入游戏

如果我们已经尝试了上述建议，孩子仍然不能全神贯注地投入游戏；如果他们对探索玩具并不感兴趣，而是不断地想要我们的陪伴，这并不一定意味着他们觉得无聊，可能表明其需求并未得到满足。于是，找出原因并弄清楚孩子的需求，就成为我们当下面临的挑战。有许多可能的原因会让孩子感到不安，这需要我们格外关注。下面是一些可供参考的原因。

+ 孩子需要更多的同理心和关注？
+ 孩子是不是生病了？
+ 孩子是否觉得父母只专注于自己的问题而忽略了他 / 她？
+ 孩子是否有足够的时间安静地玩游戏？是否被安排了太多的活动？
+ 孩子有足够的机会去尝试自己的想法吗？
+ 孩子是否已经习惯了成人告诉他 / 她应该怎么玩，因此总是等待我们给出建议？

如果我们认为孩子可能因为上述或其他原因需要更多的关注，试着每天多花 15 分钟或半个小时的时间，把我们的全部注意力都放在他们身上。在这段时间里，做一些孩子喜欢和我们一起做的家务或花园杂活。如果我们和孩子每天都能在同一时间一起做事，无疑是有益的。孩子会很期待这个时刻，根本不需要不停地问我们什么时候才有时间陪他们。

如果觉得孩子更喜欢和我们一起游戏，那么我们就可以在游戏时给他们提供一些想法，而不是命令他们怎么玩。请留意他们如何回应我们的建议，认真接受孩子的回应。不断地观察并尝试理解孩子行为背后的原因。毕竟，我们的目标是让孩子重新找到能独立、专注于游戏的方式。

当孩子努力再次投入到游戏中时，我们就可以逐渐退出。不过，仍需继续再关注他们一会儿。这样孩子就会知道我们对他们正在做的事情很感兴趣，也有助于他们认为这个游戏很重要。

正如本书第 5 章的 "1~2 岁孩子的自由游戏发展" 一节中提到的，孩子无法参与游戏可能还有更深层次的原因。治疗教育学者亨宁·科勒在其著作《与焦虑、紧张、抑郁的孩子共处》[5]中探讨了造成这种可能性的多种原因，并提出了有效的养育建议。

你是否给予孩子太多的关注

孩子的天性就是尽可能独立、自主地玩耍。然而，持续的关注会导致孩子期望一直有成人的陪伴。如果孩子习惯了和成人一起游戏，那么他们还需要一些时间和支持来重新适应独自游戏。

第一步，只是观察孩子，看看他们对游戏有什么想法。尽可能多地让孩子自己决定如何使用游戏材料。你定会对他们所有的想法和玩法感到惊讶。

下一步，当看到孩子全神贯注地投入了游戏，你要逐渐退出，尽量让自己变得可有可无。

总结：如何支持孩子的游戏

如果孩子在独自游戏和专注于某项活动方面存在困难，你可以通过多种方式帮助他，具体包括：

+ 对孩子的游戏内容和玩法表现出兴趣；
+ 减少强烈的感官刺激，如限制使用各种电子屏幕和收音机的时长；
+ 在每天和每周的计划中，给予孩子足够的时间，让其不受干扰地自己玩游戏；
+ 孩子玩游戏时，不要或者至少尽量避免打扰他／她；
+ 把你的关注点放在孩子能做什么，而不是不能做什么上；
+ 与其表扬孩子所取得的成绩，不如给予其共情的关注，让孩子感受到他／她所做的事情对你来说很重要。

为什么孩子喜欢扔东西

孩子扔东西的原因有多种。最初，孩子扔东西是源于探索需

求。他们喜欢看某件东西到处飞，喜欢听它落在地板上发出的声音。他们发现，扔一把勺子和扔一只鞋子，它们飞起来的方式和落地时发出的声音完全不同。此外，孩子很享受"自己能让某些事情发生"的那种感觉。

　　父母经常担心，一旦允许孩子扔东西，总会把东西扔得到处都是。然而，通常情况下，当孩子的这种探索需求得到满足后，就会停下来，不再扔了。当然，即便是在这段探索期，你也不应该允许孩子随便乱扔东西。必须确保他们扔的东西不会造成损坏或伤害到自己。

　　然而，有些孩子在过了这段探索期后还会继续扔东西。作为成人，我们面临的挑战是，观察并弄清楚孩子为什么还会扔东西，他们的这一行为在向我们传达什么信息？有许多可能的原因可以解释为什么孩子在过了这段发展适宜期后仍会扔东西。

通过扔东西来获得父母的认可

当婴儿第一次尝试扔东西时，父母常会报以欢呼和掌声。于是，他们知道了扔东西可以传播快乐，会一次又一次地扔个没完。当后来他们被禁止扔东西时，他们也搞不懂其中的原因。

因受挫而扔东西

有时，一个孩子会因他正在玩或探索的东西而十分沮丧。他可能是出于懊恼而把那个东西扔掉，只是为了摆脱它。这是一种解脱的体验。如果孩子是因为受挫才扔东西，父母用安慰和共情的话语同他们交流比责骂他们更有用。等孩子平静下来，父母再告诉他们不要扔东西。这样做不是因为我们赞成或反对扔东西这种行为，而是因为我们理解：孩子在那一刻找不到其他的方式来表达其愿望。

偶尔，成人在一时情绪激动之下也会做出类似的反应。我们可能会大喊大叫、用拳头砸桌子，或把毛巾扔到角落里。就像我们的孩子一样，如果这时有人友善地安慰我们，理解我们的感受，我们也会更快地摆脱沮丧。

如果孩子看到我们受挫时的这些行为，就无法阻止他们模仿我们。最终，我们给孩子做出了这般的"榜样"，那么我们还能指望孩子什么呢？

出于习惯而扔东西

为了找到游戏灵感，小孩子必须能够看到自己的玩具。如果玩具被存放在玩具箱或盒子里，所有玩具都堆积在一起，孩子就不可能有游戏灵感。为了看到它们，他们会把玩具从盒子里扔出来。如果情况总是这样，扔东西就会成为孩子的习惯。因此，最好把游戏材料一个一个地放在孩子能看得见的地方，比如放在玩具架上，还可以根据需要放在篮子或其他小容器里。这样，孩子就可以更容易找到他们想要的玩具，也不会再那么粗暴地对待它们。

当我们收拾孩子的玩具时，请注意我们对待玩具的方式。孩子会留意：我们是随意地把玩具扔到某个合适的地方，还是认真地把它们放好。我们对待玩具的方式，一定会影响到孩子处理玩具的方式。

把扔东西作为一种游戏

如果孩子不只是把扔几次东西当作其探索活动的一部分，而是想把扔东西当作一种游戏，我们可以为他们提供一些适合扔的东西，比如布球或沙包。如果没有专门的布球或沙包，可将一块抹布绑扎成一个球也是一个很好的选择。为孩子创设一个可以安全地享受扔东西的地方，也是一个不错的主意，例如选择在大厅里，这样就不会损坏任何东西。

孩子更喜欢在户外扔东西。在那里，他们可以把石子、橡子或栗子，使劲扔进水坑、池塘或河湖中。

通过扔东西吸引成人的注意

如果一个孩子开始扔自己伸手可以拿到的任何东西，并且看起来像是在试图挑衅我们，这表明他可能需要我们的关注了。我们可能不得不中断手头的工作，或者视我们正在做的事情的情况，邀请孩子一同加入。如果我们和他一起坐在沙发上，在一段时间内给予他我们全部的注意力，可能对他有好处。之后，我们可以平静地把孩子乱扔的东西收拾好。因为周围环境的整洁，对孩子的内心体验仍有很大的影响，这样的整理活动可以帮助他重获内心的平衡。

如果一个孩子觉得没有从父母那里得到足够的关注，他就会想方设法来寻求关注。如果他不能以"积极"的方式获得父母的关注，就会采取"消极"的方式，比如扔东西。基于此，我们可以反思：

✦ 是什么原因导致孩子有这样的行为？

✦ 孩子的需求是什么？

✦ 孩子想或期望从我们这里得到什么？

✦ 孩子的行为表达了哪些需求？

✦ 我们应该如何帮助孩子？

从根本上来说，孩子都想和我们和睦相处，想与我们融洽地在一起。孩子并不想惹恼自己的母亲或父亲，或者他们一直非常依赖的其他成人。

我们如何应对孩子的攻击性

通过诺伊费尔德法理解攻击性

诺伊费尔德研究所 [6]

攻击行为深深植根于人的本能和情绪，因此，它对传统的管教是抵触的。戈登·诺伊费尔德博士在其著作《每个孩子都需要被看见》[7] 中探讨了这些问题的根源，并列举了解决这些问题的措施。诺伊费尔德博士在应对具有攻击性的孩子和有暴力倾向的青少年方面有着丰富的专业经验，针对这个由来已久的问题，他采取的方法令人耳目一新。他提出的原则适用于所有年龄和各种环境中的儿童，这些环境包括家庭、学校和治疗中心。

有许多迹象表明，在儿童和青少年群体中，攻击行为正在不断升级。极端的暴力攻击事件常令人错愕，但真正令人担忧的是，涌动在孩子内部以及之间的攻击性能量，每天都在他们的互动、言语、游戏、比赛和幻想中，如波涛般地迅猛增长。这种攻击性能量也助长了儿童自杀行为和自杀念头的惊人增加。

与此同时，尤其是学龄前儿童，攻击性的冲动表达是其发展过程中的一个自然组成部分，如果成人能冷静处理，攻击行为会随着孩子发育成熟而逐渐消失。

诺伊费尔德博士为我们提供了一种理解这种行为的新方法，该方法不仅可以解释我们周围正在发生的这类行为，而且可以深入了解出现这些问题的个体，包括儿童和成人。诺伊费尔德法既有新意，又有历史依据，且与当前的脑科学研究结果相一致。

攻击性有很多表现

表达攻击性的方式很多，下面是其中一些。

+ 不友善的、粗鲁的行为
+ 敌意
+ 威胁性的手势
+ 不友善的态度和伤人的话语
+ 自我毁灭的行为
+ 易怒和不耐烦
+ 贬低和羞辱
+ 咬人、扔东西和大声喊叫
+ 讽刺和侮辱
+ 忽视、回避、排斥
+ 恶意攻击
+ 暴力幻想

- ✦ 自杀的念头
- ✦ 自残行为
- ✦ 哭泣和暴怒

引发攻击性的原因

攻击性总是因挫折而起。在孩子的生活中，有些东西不能正常使用，从而让孩子颇感沮丧。挫折是所有有情感的生物的一种基本情绪，与愤怒有些不同。

愤怒和挫折的区别

愤怒	挫折
只有人类才能体验到	所有能感知情绪的生物都能体验到
由感知到的不公正所引发	因某些东西无法发挥其作用而引发
涉及大脑皮层和意识	一种基本情绪，在意识层面不一定能感受到
引发正义的冲动（扯平、复仇）	引发攻击行为

攻击性是被压抑的挫折感的表现

下面举一个例子。

孩子说："妈妈，我还想要一块饼干！"

妈妈回答说：“不行，现在没有了。”

孩子可能会作出下列三种反应。

1. 孩子试图改变现状（“求求你了，妈妈！”）。

2. 孩子觉得任何改变的企图都是徒劳的，于是选择放弃来缓解紧张感（哭）。

3. 此时此刻，孩子既无法改变任何事情，也无法通过哭和软弱的情感来化解情绪。压抑的能量以最后一种方式爆发，即攻击。

当孩子变得具有攻击性时，下列情况已经发生。

1. 孩子体验到挫折。他也可能正在经历痛苦或失败，但对孩子来说，最常见的挫折是，他最大也是最强烈的愿望（对人与人之间关系的渴望）没有实现。

2. 孩子无法改变这种挫折。

3. 孩子没有机会以一种更温和的方式来体会这种徒劳的行动，至少当时没有。

有时候，当时的情境太没有安全感，或者孩子最亲近的人，即那个他们可以依靠的肩膀根本不在身边。然而，当孩子经常经历压倒性的挫折时，他们也会形成一种长期的“盔甲”，使他们很难哭出声来，也很难感受到恐惧、悲伤等软弱的情感。

在这种情况下，挫折只能通过攻击来释放。这种攻击可以表现为对物、对他人或对自己。对于小孩子来说，当他们的情绪达到爆发点时，攻击性就爆发了。

对攻击性的回应

当然，如果可能的话，我们应在孩子被压抑的挫折以攻击的形式发泄出来之前就进行干预。但如果受挫的孩子还未表现出攻击行为，作为成人，我们可以参考以下几种可能的方法来干预，避免孩子发生攻击行为。

1. 在适当的情况下，我们帮助孩子改变当时的状况。（"好吧，你可以再吃一块饼干。"）
2. 如果我们不能或不想改变当时的状况，可以通过让孩子哭出来帮助他们释放紧张的情绪。
3. 如果孩子无法发泄其软弱的情感，也无法哭出来，我们可以帮助他们以不破坏任何东西或不让他们伤害自己或他人的方式来表达挫折。孩子表达挫折的恰当方式是跺脚、大声喊叫，或在适当的地方用合适的东西击打某物。
4. 我们要向孩子传达这样的信息：感到挫败是正常的，也是允许的。也让他们知道，我们正在帮助他们以适当的方式释放这种挫折感。这样，我们就不是在惩罚孩子，而是站在他们的立场，但不纵容其攻击行为。

孩子开始能体验到混合情感的最小年龄是 4 岁。当孩子能同时感受不止一件事情时，他们既体验到了击打东西的冲动，同时也具备了担心后果的能力。这种矛盾心理抑制了攻击性的爆发。

传统育儿法的影响

通常，我们对孩子攻击行为的反应是试图阻止它。但是，孩子无法控制自己的攻击冲动，因为它是由孩子被压抑的能量（挫折）引发的。惩罚或惩罚性的威胁可能会暂时奏效，因为相比被阻止的挫折，孩子对被惩罚的恐惧更加强烈。但当恐惧消退后，挫折感和攻击冲动会再次涌上心头。

如果我们用诺伊费尔德法理解了这种因果关系，就会清楚惩罚，尤其是把孩子和父母分开的惩罚，例如责骂孩子、把孩子送回他们自己的房间、父母离开房间或者不和孩子说话，都不能真正起作用。所有这些措施只会让孩子更加受挫，使他们的攻击行为不减反增。即使实施了严厉的"零容忍计划"，校园暴力行为有所减少，但孩子被压抑的挫折也需要以某种方式表达出来。暴力行为会发生在上学的路上，发泄在兄弟姐妹或宠物身上，或者也可能以口头的形式表达出来，但却不会受到惩罚的威胁。因此，重要的是，我们不应该用阻断和孩子的亲近来应对他们的攻击行为，而是负责任地帮助孩子恰当地表达他们的沮丧情绪。

当孩子表现出攻击行为时，我们应该确保不会有人受到伤害。而且还要让孩子知道，尽管发生了这个"事件"，我们还是站在他们这边。我们应尽可能避免发生孩子无法应对的情况。在孩子不再沮丧时，我们可以和他们一起寻找更合适的方法来应对其挫折。

当孩子被自己的情绪击垮并真的爆发时，试图对其进行教育是毫无意义的。如果我们注意到孩子很难通过哭泣来发泄情绪，我们应努力与他们建立一种信任关系，让他们感到足够安全，从而降低他们的防御性。

另辟蹊径：鼓励孩子与挫折建立关系

第一步：帮助孩子了解自己的感受，并找到合适的言语表达这些感受。

✦ 转移对挫折的关注；
✦ 告诉孩子挫折是可以接受的；
✦ 把挫折和攻击冲动视为正常行为；
✦ 让孩子自己用语言将挫折表达出来；
✦ 事态过后，鼓励孩子对情绪爆发进行反思；
✦ 在各种不同的情境或情绪状况中发现孩子的挫折。

第二步：鼓励孩子接受挫折。

✦ 重新定义问题：应对挫败感；
✦ 让孩子更容易承认自己有问题；
✦ 举例说明我们自己与挫折的关系；
✦ 向孩子介绍应对挫折的惯常做法；
✦ 建立应对挫折的良好意愿；
✦ 鼓励孩子在遭受挫折时要寻求支持；

✤ 和孩子一起谈论挫折；

✤ 应对挫折时不要伤害到自己和他人。

想象力的觉醒

孩子以全新的方式体验世界

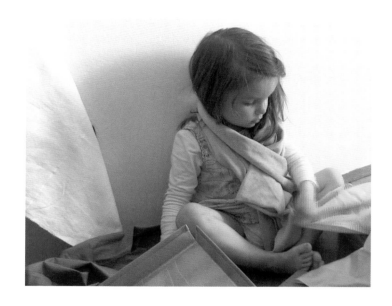

想象力的觉醒与孩子开始称自己为"我"密切相关。对大多
数孩子来说，这种情况发生在大约刚满 3 岁的时候。当这种情况
发生时，孩子开始以一种截然不同的方式体验这个世界。同时，
孩子的游戏方式也会发生显著的变化。

在此之前，孩子已经对周围的一切进行了充分的探寻和思考。他们现在认识了许多客体及其属性、特征和原理，也知道了所有这些东西的归属。在某种程度上，他们知道了自己所生活的这个世界的秩序。

孩子想象力的觉醒动摇了其以前的生活秩序。现在，他们将超越所有已知的逻辑和原则。他们的活动变化很快，与之前的活动没有明显的联系了。

举个例子来说明。一个男孩在沙子里发现了一块石头。这块石头被当作一辆"汽车"，沿着根本不存在的街道行驶。随后，"汽车"偶然来到了一座沙丘上，这块石头又变成了一座"房子"。他开始寻找更多的石头来当作"房子"。但是，当他寻找石头时，又发现了一辆手推车。此时，手推车又被他当成了垃圾车等诸如此类的东西。所有这一切仅发生在几分钟之内。

在这个过渡期，孩子很少长时间专注于一项活动或任何特定的事情。想象力在孩子的心中翻腾，让他们像蝴蝶一样，从一个游戏飞速转到另一个游戏。

这个年龄段的孩子还无法区分想象和现实

只要听一听孩子说的话，我们就不难发现，对于孩子来说，想象和现实是一回事。在学说话阶段，孩子说的话是绝对真实的；然而现在，他们会毫无逻辑或不顾现实地喋喋不休。我认识的一个孩子就清楚地证明了这一点，有一次她一本正经地说，她正在为布娃娃做"颜色精美的加了肉糖的栗子"。

当孩子以一种完全不同于真实情况的方式描述一件事，或者他们描述的事情根本没有发生过时，他们并不是在撒谎。这段时间，他们无法区分自己想象的世界和现实的世界。试图纠正孩子对所发生事情的说法可能会让其产生不安全感。大约在 4~5 岁的某个时候，孩子会找到自己回归现实的方式，获得专注和坚持的能力。但在此之前，他们从中学到了很多对今后生活至关重要的东西。通过富有想象力的游戏，孩子体验到自己可以塑造这个世界。现在他们知道，不必依靠外部的、预先做好的东西来获得充实和满足，也不必接受事物本来的样子，而是可以把它们变成更好的东西。

支持孩子想象力的发展

想象力是一种宝贵的力量和优势，可以为我们终身所用。我们运用想象力来解决问题、建立关系，用小小的善意照亮日常生活中的灰暗，等等。这就是为何 2 岁半到 5 岁这段时间如此重要的原因，在此期间，孩子的想象力获得第一次发展。我们让孩子自由游戏，不必去纠正他们，也不试图过早地把他们带到现实的成人世界中来，如此，我们便是在支持他们的想象力的发展。

然而，如果你觉得孩子是在顽皮地夸张，你也可以用幽默来回应他。例如，孩子说："妈妈，我看见一只像马一样大的狗！"你可以回答说："真的很大！没准它有大象那么大。"如果孩子调皮地笑了，你也就明白他只是在开玩笑，而且他知道狗比马小得多。但是，如果他提出抗议，那么有可能他确实见过和马一样大的狗。

求助！孩子正在发脾气

孩子开始频繁使用人称代词"我"

通常，在接近 3 岁的某一天，孩子不再用自己的名字来称呼自己；相反，他们开始用"我"来称呼自己。"我想要苹果！""我想去找奶奶！"这个"我"对他们来说不仅是一个新词，而且与他们作为独立个体的深刻新体验有关。没有人能称呼我们为"我"，只有我们自己能这样称呼自己。

这种新体验对孩子意味着什么

孩子在第一次意识到自己的个体性时，往往会体验到巨大的快乐。它为孩子带来了一种最初的自由感，即我是"我"。伴随着这种新意识而来的是孩子说"不"的能力。虽然孩子以前可能喜欢跑开并说"不"，但他们当时的意识水平与现在不同。之前的行为是一种恶作剧，他们想知道"我能走多远"，抑或是因为孩子的某种需求没有得到关注。

现在，他们说的"不"有了新特征。孩子宣布自主权，并以一种新方式面对这个世界。和尝试所有的新事物一样，孩子想要一遍又一遍地重复它。

理解孩子的"不"

孩子断然说"不"会引发成人的反对和反感。然而，如果我们明白了孩子口中的"不"从何而来，将有助于我们知道如何回应孩子。我们可以理解孩子口中的"不"是一种重要且必要的经历，而非反抗。我们也希望孩子在未来的生活中能够在必要时说"不"。我们要允许孩子去练习和实践说"不"。

在面对孩子所有这些"不"的宣言时，保持耐心并非易事。重要的是要谨记，耐心地回应他们并不意味着要不断地向孩子想要的任何东西妥协。如果我们总是妥协、让步，可能会培养出一个小"暴君"，而不是为孩子提供了他们所需要的界限。我们必须明白，孩子此时正在更有意识地体验自己的意志和个性，说"不"只是其中的一部分。

幽默会对我们有帮助

幽默让孩子更容易回应成人的要求。如果孩子的"不"惹恼了我们，也许是因为我们认为他们就应该毫无疑问地听从我们的指挥，如此，我们确实会触发孩子的抵触情绪。他们感到被误解了，认为我们的恼怒毫无道理。也许你可以用孩子的"不"来编一段小韵律，例如，"不，不——是，是！是，是——不，不。所以我要自己做！”

　　孩子并不想惹恼或激怒我们。他们只是想尝试他们的第一次"自由体验"。人们常常用一个带有误导性的术语来描述这一阶段："可怕的 2 岁"。

第一次从一体的世界中独立出来

　　当孩子开始称自己为"我"的时候，还会经历其他一些事情。以前，孩子觉得自己与周围的环境完全是一体的，环境是他们的一部分，身处其中会感到安全和可靠。

　　随着"我"的这种体验的出现，孩子第一次失去了与世界的合一感。他们体验到自己是一个独立的个体。他们的世界业已破碎，不再感到安全。一段时间后，孩子会接受事实本然如此，但一开始他们会很受伤。一遇事，就会哭。因此，在这个阶段，如果孩子无缘无故地躺在地上大哭，可能他们正在经历着深深的分离之痛。把孩子的这种行为看作发脾气，那对孩子是不公平的。此时，与其要求孩子变得顺从或冷静，不如陪伴在他们身旁，用富有同理心和安慰的话语支持他们。

　　孩子这段激烈的违抗期终会过去。你给予孩子的理解越多，他们的情绪就越不会太强烈，这个阶段就越可能快些过去。

　　在这个发展阶段，当孩子自发的愿望没有得到满足时，他们可能仍然会哭泣。我们很难判断他们的这种情绪爆发是源于"深深的分离之痛"，还是因为其愿望没有得到实现。如果是因为得不到想要的东西而哭泣，那么家长明确的"不"会给予他们需要的界限，让他们感到自己是被关心的，也是安全的。

孩子躺在地上大哭该怎么办

如果你和孩子一起坐在地板上，平静地和他说话，这对你俩都会有帮助。让孩子知道你理解他此刻的痛苦。例如，轻声地对他说："我知道，这个世界上很多事情并不总是那么容易。"即使孩子的哭声很大，你也要轻声细语，不必担心他的哭声会盖过你的声音。当他情绪低落时，你陪在他身旁，此时的冷静比所说的话更重要。同样的原则也适用于孩子感觉不好的任何情形。你那熟悉、舒缓的声音，比其他任何东西都更能帮到你的孩子。

当你平静地待在孩子身旁时，他可能会把你推开。这一行为清楚地表明：他想要独自面对痛苦。此时，你往往会因被孩子拒绝而生气。然而，孩子此刻真切地表现出了令人钦佩的自立能力。不过，为了不让他感到孤单，你可以让他知道你就在他身旁，直到孩子感觉好一些。

出现上述两种情况，我们最好不要直接把孩子从地上抱起来。他们需要一点时间让自己冷静下来，让他们体验一下自己重新站起来的感觉。这种经历有助于孩子建立自信，因为他们知道，尽管自己处于困境，但仍然可以重新振作起来。

发自内心的行动决定 *

当我和孩子发生冲突时 [8]

未被满足的期望

我从未像与我女儿发生冲突时那样大喊大叫过。尽管我非常清楚，孩子的行为可能是冲动的、不稳定的，而且直到 7 岁左右，他们才真正具备理智争论的能力。然而，我有时还是会失去冷静，这种情况尤其会在我时间紧迫或精力不足时发生。

当我更深入地看待这个问题时，我意识到，如果我期望孩子做出某些行为，而她的表现却与我的期望不同，我就会失去冷静。最近发生了一件事：女儿该睡觉了，我让她去洗手间，我来帮她刷牙。但她当时正在玩游戏，需要先给她的布娃娃喂完饭，然后才能进行下一项任务。因此，她并没有像我期望的那样马上行动。

小孩子完全活在当下

我们成人很少能像小孩子那样全神贯注和充满活力，完全活在当下。计划事情、提前思考，以及必须在一定的时间内完成任务，这些都是我们成人日常生活的一部分。然而，和孩子在一起

---

* 本节内容是作者皮娅·德格尔的个人记录。

富有活力的日常生活却充满惊喜，并非每件事情都必须按计划进行。尽管如此，有预见的行动对我们来说还是很有益处的。只有通过计划，我们才能做出并执行有意义的决定，例如，确定什么对孩子的成长有益。

然而，要和孩子在一起用心地生活，我们必须能够区分：我看到的只是我期望看到的，还是我真实地体验当下正在发生的事情？我们需要学会区分自己的推测与现实。例如，当我告诉女儿现在需要刷牙而她没有马上行动时，我认为她是在无视我或试图激怒我。事实上，这只是我基于未达到的期望产生的推测。

但是，对于我女儿这个年龄的孩子来说，他们是活在当下的，完全沉浸在自己的活动中。事实上，当我看向她的时候，她正在温柔地照顾她的"孩子"——她为什么要匆忙呢？也许她正在验证她能够做到什么程度，但绝非故意忽视我或试图激怒我。

想象力和洞察力不会同时起作用

只要我们还未意识到我们此刻正生活在自己的思想世界里，即我们对应该发生什么、应该怎么做总是有着自己的想法，我们就无法体验到当下真正发生了什么。我们看到的只是自己的推测，是我们想象出来的心理表象，而非基于现实。我们无法同时既感知自身的心理表象，又观察实际发生的事情。[9]

有多少次，我们只是部分地意识到某件事情，便立即把它融入我们的想法，而不是去看、去了解眼前究竟发生了什么。例如，如果我认为我女儿是在忽视我，那我只是在根据过去的经验来判断当前的情况，而不是了解和观察眼前真正发生了什么。

我和孩子都在不断变化，没有任何事情是一成不变的，我和女儿在一起的每一刻都是崭新的。如果我能不带偏见地接受当下的每一刻，如它所是的那样，那么我就没有理由去生气。

但是，这并不意味着我应该容忍我孩子的各种行为，而是意味着，我为孩子设定限制的态度和能力是基于爱、尊重和同理心，而不是出于愤怒、恐惧或痛苦。[11]

我们想改变孩子的行为，但我们只能改变我们自己

在两个人之间的任何关系中，我们往往会把我们面临的挑战归咎于对方。然而，我们不能改变他人，使其符合我们自己的想法。当事情没有按照我们的期望发生时，我们很容易去责备孩子。我们想让他们做出改变，这样我们会感觉更好些。但是，说真的，如果我确信，挑起冲突的是孩子不是我，这对我又有什么好处呢？它并不能帮助我得到我想要的东西，即一种活泼、真诚的关系，在这种关系中，我和孩子都可以自由地做自己。我不希望让我的孩子表现得像一个受过训练的马戏团的动物。

当我失去冷静、大喊大叫时，我会感到内疚和羞愧，这也无助于我建立自己想要的关系。这些感觉只会降低我的自尊，让我更加远离我渴望的那种深层的关系。

我现在能做些什么来改变自己

为了改变自己，我必须先做出深思熟虑的决定。我的决定是我要敞开心扉。此外，在发生冲突的情况下，我不想以推开女儿的方式来回应她，而是去接纳和欣赏她本来的样子。与其去争斗，我更想用我的力量，和孩子一起创造充满爱的生活。尽管不想这样，但我俩经常在日常生活中相互对抗，而我们真正想要的是，在平和与爱的氛围中，享受我们在一起的美好时光。

发展自我意识

我该如何开始逐步缓和我的情绪呢？

首先，从关注自己的内在体验并注意身体的感觉开始。

✦ 我感到轻快与放松还是沉重与紧张？
✦ 我的呼吸如何？
✦ 我的双肩处于紧张还是放松的状态？
✦ 脚踏在地面的感觉如何？

然后，我开始关注脑海中正在发生的事情。

✦ 我何时陷入了迷思，我正在思考什么？
✦ 我是否觉得自己得到了充分的认可和欣赏？
✦ 我何时失去了冷静？
✦ 为什么我爱的人不听我的话，让我如此生气？

✦ 还有别的事情吗？

✦ 我真的能因为她没按我的要求立刻去刷牙而生气吗？

✦ 为什么这件事能够激怒我，让我如此生气？通过识别其中原因，我会在那一刻就有所觉悟，而这种不断增强的意识，让我更充分地融入与孩子在一起的每一刻的活力和独特性之中。

进步需要时间和练习

一旦我开始扪心自问这些问题，已然是在进步了。即使不能立即找到答案，我仍可通过思考这些问题来增强自己的意识。我不应该期待我的做法立竿见影。下面的问题有助于我对自己保持耐心：就我而言，我一直以来感受着的、也是我现在想要改变的这种内在状态有多久了？我的回答：很长一段时间了。

有时，我们可能发现，我们的内在发展并不自在，也许要求过高了，也许可能觉得自己没有进步。但是放弃绝不是解决办法。我们踏上这段旅程并不是为了放弃它。人生就是一场旅程！改变需要时间、坚持和不断的练习。

这完全是态度的问题

我无法控制孩子的行为，但我可以控制自己的反应。因此，我的态度才是根本：我可以把发生在我身上的每一件事作为机会来实现我的目标，即出于爱而不是出于烦恼。

除了尝试利用每一种情况作为实现目标的机会，我发现培养以下特质对我是有帮助的。

✦ 愿意尝试，摒弃现有的偏见、教条，等等；

✦ 有勇气，因为跳出舒适圈和做出改变可能令人畏惧；

✦ 坚持不懈；

✦ 练习，练习，不断练习，并愉悦地练习。

观察自己

每当我感到怒火中烧时，我就会问自己：现在对我而言发生了什么？

我发现，通过提出这个问题，我可以站在观察者的角度，更容易跳出我的"激动环路"。只有当我后退一步，我才能问自己下一个问题：我想要什么？是想要愤怒的反应，还是想要发自内心的行为？

我可以停下来反思，哪怕只有片刻，闭上眼睛，感受自己的呼吸。我意识到深呼吸能让自己平静下来，并让自己有机会暂停一下，然后重新审视外部事件。

关于内心

当我聚焦自己的内心时，会是一种什么样的感觉？我的内心有多强大？如果我在一种冲突情境下设法进入我的内心空间，那么我的感知也会发生改变。

+ 封闭与刻板的感受逐渐消散，边界被拓宽；

+ 我的身体变得更柔软，双手变得更温暖，呼吸变得更有规律；

+ 我的思想也变得开放。

作为额外的好处，这些品质不可避免地会转移到在场的其他人身上。

为什么我的勇气有时会动摇？当我感受到自己内在的力量时，我知道我可以勇敢地面对危险。我相信自己可以承担风险，从而能够进入充满不确定性的情境中。虽然这样的恐惧会导致我没有归属感，感到被排斥和孤独，但我仍然可以面对自己不被大家喜欢、爱、认可和欣赏的恐惧。

当感到不安或害怕时，我可以试着记住这种不安来自我对这些不确定因素的恐惧，我可以扪心自问：这种风险、这种危险，会改变我出于爱而非烦恼采取行动的决定吗？我有意识地、肯定地回答：不会！

爱的力量

和孩子在一起的生活给我带来了无限的机会，不仅让我意识到自己潜意识里的焦虑和创伤，而且还让我体验到最深层次的快乐。只有在与他人的关系中，我才能超越自我，发展出最强大的力量，即爱的力量。

作为一名母亲，我把寻找获得这种力量源泉的方法视为己任，每天练习，尤其是在面对冲突或压力的时候。如果我们从爱出发，就能不求回报地付出。孩子就是这种生命存在最伟大、最可爱的例子。

家庭的媒体责任 *

为什么值得尽早设置相关课程

21 世纪的挑战：如何负责任地使用媒体

许多父母都发现，对于婴儿或幼儿来说，接触屏幕媒体是令人不安的，也是不适宜的。父母们的这种"直觉"是对的。最新的科学研究有力地证实了屏幕媒体对婴幼儿的伤害。

尽管一些家长很反感，但小孩子接触媒体的平均时间却高得惊人。关于媒体的危害也有很多讨论，如网络暴力、数据盗窃、色情短信、电子游戏成瘾、网络色情、肥胖、学业成绩差、暴力视频以及数码痴呆症。

然而，除了这些风险之外，还有许多积极的方式来使用这些"新媒体世界"。现在出生的孩子，长大后是否懂得如何规避媒体风险，是否能充分发挥他们的潜能，即学会"健康的媒体行为"，这在很大程度上取决于不同家庭中孩子的媒体社会化。因此，父

---

* 本节内容由德国阿拉努斯大学传媒教育学的教授葆拉·布莱克曼博士（Dr. Pula Bleckmann）提供。

母负有很大责任。

　　在这篇文章中，"媒体素养"（media literacy）一词有意识地不用于表示这种"健康的媒体行为"。为什么？因为令人遗憾的是，在公众的辩论中，"媒体素养"几乎总是被当作一个限制性术语来用，即只包括使用数字技术所需的技能。对于人们来说，学习使用技术算不上一种令人满意的学习目标，媒体素养的目标必须是各种媒体形式为它们的使用者服务。因此，我们在此使用"媒体责任"（media responsibility）一词。[12]

什么是媒体责任

　　首先，媒体责任考验的是一个人的这样一种能力：决定将其生命的哪一部分时光花在屏幕或显示器前，以满足其愿望、实现其目标。这意味着一个人对他花在媒体上的时间要特别有意识地作出规划才行，而花在其他活动上的时间倒不必如此。其次，当一个人决定使用屏幕时，媒体责任也意味着他/她要有这样一种能力：以一种主动的、可控的、有技巧的、创造性的方式使用这项技术。

　　我们如何支持儿童实现媒体责任这一长期目标？"熟能生巧"这句老话适用于媒体使用吗？否！一项关于"网络依赖"的研究表明，大约每20个年轻男性中就有1个被界定为"数字游戏成瘾者"，每20个年轻女性中就有1个是"Facebook成瘾者"（或者，准确地说是"社交网络成瘾者"）。[13] 因此，在我们的媒体教育中，重要的是要考虑这种媒体成瘾的倾向，并寻找预防媒体成瘾的办法。在这一点上，研究清楚地表明，"从小就开始使用屏幕媒体"和"儿童期高使用频率"这两点是出现媒体成瘾的风险因素。如果孩子的卧室里有电子媒介（如电视、个人电脑），或者孩子可以随意使用手机等，那么孩子使用屏幕的时间就会长得多。[14] 媒体技术的使用技能并不能预防媒体成瘾。相反，最近一项针对亚洲年轻人的研究发现，较高的媒体技术使用技能与较高的问题内容使用风险及较高的网络成瘾风险均相关。[15]

如果想沦为媒体的奴隶，那就早一点用它；
如果想成为媒体的主人，那就晚一点用它

　　但是"晚一点"是指什么？从科学的角度来看，必须承认，在学龄前就"练习"使用屏幕媒体，对个体日后负责任地使用媒体并没有帮助。因为屏幕媒体具有高度的瞬时吸引力，许多孩子在屏幕前显得非常"专注"。这种"引人入胜"的体验会让孩子把其他需求抛在脑后，所以父母有责任对孩子的屏幕使用时间设置适当的限制。

　　这里举例说明"晚一点"使用的原则：大家想一想几年前非常普遍的"婴儿学步车"。学步车是在小孩"座椅"的下方安装底轮，目的是让还不会走路的小孩子提前学步。然而，使用这种学步车的后果现在已经众所周知：它会导致小孩子的走路姿势畸形。儿科医生和理疗师现在都告诫大众不要再给孩子使用这种学步车。

　　当孩子发育到一定程度、做好准备后，他们会主动学会直立地行走在这个世界上。只有当孩子已经发展出行走前的技能（如背部肌肉得到锻炼、获得一定的平衡感等），行走才可能实现。我们可以想象，就像给孩子使用婴儿学步车一样，过早地让他们使用屏幕媒体，就会阻碍他们以后对媒体的有效使用；也可以这么说，它阻碍了孩子在媒体世界中的"直立行走"。

媒体对孩子身体、心理和认知发展的负面影响

目前，有大量纵向研究表明，使用屏幕媒体对儿童发展有负面影响。以下是已被证实的早期使用屏幕媒体造成影响的几个领域。

+ 语言和运动发展迟滞；
+ 创造性游戏行为受损；
+ 出现睡眠障碍和身体超重；
+ 同理心缺失、社会行为异常、攻击性增加；
+ 阅读能力和整体的学业成绩下降；
+ 注意缺陷多动障碍（ADHD）；
+ 酗酒和尼古丁成瘾的风险增加。

使用屏幕媒体的时间越长，其负面影响就越明显。时间、内容和功能都是决定媒体对儿童影响的重要因素。

时间

目前流行的替代假说（displacement hypothesis）解释了为什么早期使用屏幕媒体会对孩子的身体、情感和心智发展产生破坏性的影响。屏幕媒体的使用，的确剥夺了婴儿和学步儿对其健康发展至关重要活动的投入时间。儿童出现的创造性游戏障碍也可以用这种时间替代效应来解释。[16]

时间替代并不取决于孩子使用的屏幕媒体类型。所有的屏幕

媒体都同样有害，包括 iPad、电视、计算机、手机和游戏机等。

内容

一些不适当的媒体内容，诸如暴力和其他儿童不宜的节目，也进一步加剧了屏幕媒体的负面影响。朱丽叶·肖尔在其著作《为购买而生》[17] 中令人印象深刻的描述，以及该书列举的那些支持其观点的研究，共同得出一个一致的结论：广告激起了消费者的欲望，这些欲望要么得到满足，但致使孩子肥胖或生病；要么未得到满足，就会令孩子不快乐。

媒体屏幕的有害影响，还包括媒体的那些高度刺激的表现形式，如明亮的色彩、快速的图像变化以及强烈的音效。[18]

功能

家庭中使用屏幕媒体的一些情况尤其成问题，其中包括把电视当作保姆，将媒体剥夺作为对孩子的惩罚（"如果你不安静下来，以后就不许看电视了"），或者把允许使用屏幕媒体作为一种奖励（"如果你把它都吃完，过一会儿就可以看电视了"），或者把屏幕媒体作为一种调节不正常情绪的方式（通过按下屏幕媒体的开关来消除无聊、焦虑、烦恼等）。[19]

父母的行为会影响孩子：尽早行动起来

除了前景媒体展露（foreground media exposure），即孩子自

己操作屏幕媒体，现在对媒体影响的研究还包括背景媒体展露（background media exposition），即其他人在孩子面前使用屏幕媒体。[20]

孩子年龄越小，其暴露在背景媒体中所受到的影响会越显著。亲子之间目光交流和语言交流的减少与之有关。[21]甚至我们选择给孩子阅读纸质书还是电子书，都会对其产生不同的影响。因为我们在给孩子读纸质书时，能够与孩子产生更为深入的互动。[22]

孩子年龄越小，日常生活中的屏幕媒体对其影响会越大，而且以后改变起来也就越难。孩子在较小年龄看电视的时间越多，长大以后看电视的时间也会越多。[23]孩子4岁前看电视的时间越多，在以后关掉电视时的抗拒就会越强。[24]

在一项研究中，孩子和父母一起在房间内的地板上玩游戏，电视作为背景媒体在旁边开着。结果发现，当电视开着时，父母和孩子之间的互动会减少。与不看电视的情况相比，电视开着时，父母和孩子说话的次数明显更少。同样，孩子和成人说话的次数和目光交流也显著减少。[25]

类似的负面影响也存在于照护孩子时因使用智能手机而分心的父母身上。[26]我们有充分的理由预测，这些交流障碍会长期阻碍孩子的语言和情感的发展。

孩子并不是唯一使用媒体来分散注意力的人。如果孩子的行为让父母感到恼火，父母的压力水平就会上升，这就增加了父母用智能手机分散注意的可能性，于是，智能手机成了一种调节压力的手段。如此下去的后果是注意力分散和人际关系困难陷入持续的恶性循环。[27]

在德国的一项研究中，作为年度体检的一部分，儿科医生对全国 5 000 多名儿童的父母进行了调查。[28] 中期研究结果显示，当父母在日常照护中频繁使用智能手机时，1 个月至 1 岁大的孩子表现出了亲子关系障碍的迹象。具体来讲，父母在照护孩子的过程中越分心，这些孩子入睡和保持睡眠的问题就越多。同样的发现也适用于那些在进餐时被电子产品分心的父母。可想而知，这些问题说明父母和孩子之间还未建立起安全和健康的关系。

但是，还有更多的坏消息。数字产品导致的分心不仅会损害亲子关系，也会损害父亲与母亲之间的互动，致使父亲和母亲（共同抚养子女的家长）之间关于如何抚养孩子的交流也相应减少。[29]

美国和欧洲的屏幕媒体使用情况

在美国，屏幕媒体经常是 1 岁以下儿童日常生活的一部分。29% 的 1 岁以下儿童平均每天看电视的时长为 1.5 小时；而 1~2 岁的儿童平均每天看电视时长超过 2 小时的比例高达 64%。在欧洲，儿童花在屏幕前的时间远低于全球平均水平；而在讲德语的欧洲国家，儿童花在屏幕上的时间又远低于欧洲平均水平。[30]

日常小贴士

改变我们的个人习惯和家庭环境。

✦ 在孩子的日常生活中，使用带有屏幕的产品越少越好。较小的屏幕产品可以存放在小孩子够不到的地方（比如抽屉里、较高的架子上等）。

✦ 只有在紧急的情况下，成人才可在吃饭或其他社交场合使用手机、iPad 和其他类似产品。

✦ 孩子在场时不应开电视。

✦ 请记住，屏幕媒体对儿童和成人的影响是不同的，那些对成人有益的东西可能对儿童有害。

✦ 儿童不应该拥有自己的屏幕媒体产品。

✦ 屏幕媒体是指各种包含屏幕的媒体产品：电视、电脑、电子书、移动电话、智能手机、游戏机、iPad，等等。

✦ 这些"经验法则"也有例外，比如为有特殊需求的儿童提供的辅助性交流产品。

无商业化的童年运动（Campaign for a Commercial-Free Childhood）是个很好的信息来源，有助于减少儿童花在屏幕媒体上的时间。[31]

如果你真正了解你孩子的需求，

如果你能感知她悲伤的原因、感受她的需求，

那么你就能以正确的方式回应孩子，

你将能很好地指引和养育你的孩子。

——艾米·皮克勒

参考文献说明

本书是一本科学的育儿书，书中的很多结论和育儿方法均有科学的实证研究支持，作者以尾注的形式，给出了本书各章数字标记之处的注释或参考文献。读者如需文献资料，请联系 nccpsy@163.com，我们会为您发送。